特高压输电技术

主编　杨　力
参编　吴　强　廖　萍　杜印官
主审　汤晓青

中国水利水电出版社
www.waterpub.com.cn

内 容 提 要

特高压电网指的是以1000kV输电网为骨干网架，由超高压输电网、高压输电网，以及特高压直流输电、高压直流输电和配电网构成的分层、分区、结构清晰的现代化大电网。本书主要向广大读者介绍特高压相关知识和一些典型示范工程。

本书共4章。主要内容有特高压技术概述、高压直流输电、特高压交流输电、特高压输电工程介绍。本书介绍了特高压输电技术的现状及发展趋势，高压直流输电相关知识及其设备，特高压交流输电和特高压直流输电相关知识及其设备，最后介绍了国内外特高压直流和特高压交流输电示范工程。

本书可以作为对特高压技术感兴趣读者的普及读物，也可以作为电力职业院校的培训教材。

图书在版编目（CIP）数据

特高压输电技术 / 杨力主编. -- 北京 : 中国水利水电出版社, 2011.5(2022.2重印)
ISBN 978-7-5084-8582-9

Ⅰ. ①特… Ⅱ. ①杨… Ⅲ. ①特高压输电 Ⅳ. ①TM723

中国版本图书馆CIP数据核字(2011)第080631号

书　名	**特高压输电技术**
作　者	杨力　主编
出版发行	中国水利水电出版社 （北京市海淀区玉渊潭南路1号D座　100038） 网址：www.waterpub.com.cn E-mail：sales@waterpub.com.cn 电话：（010）68367658（营销中心）
经　售	北京科水图书销售中心（零售） 电话：（010）88383994、63202643、68545874 全国各地新华书店和相关出版物销售网点
排　版	中国水利水电出版社微机排版中心
印　刷	清淞永业（天津）印刷有限公司
规　格	140mm×203mm　32开本　4.375印张　118千字
版　次	2011年5月第1版　2022年2月第3次印刷
印　数	4001—5500册
定　价	**22.00元**

前　言

电力工程是21世纪对人类社会生活影响最大的工程之一，电力技术的发展对城乡人民的生产和生活具有重大的影响，电力工业是关系国计民生的基础产业。特高压输电作为21世纪电网输电技术最新成果，在国外电网建设中方兴未艾，国家电网公司在落实科学发展观，贯彻国家能源政策过程中，提出了加快建设由百万伏级交流和±800kV级直流系统构成的特高压电网的发展目标，是确保电力工业全面、协调、可持续发展的重大举措，有利于实现更大范围的资源优化配置，满足我国经济社会发展的用电需求。

近年来，在政府部门的统一协调下，国家电网公司与电工装备制造企业、高等院校、科研机构、学会协会等方面通力合作，借鉴国外先进经验，攻克了一个又一个工程技术难题，全力推进特高压试验示范工程建设。2008年9月26日，建成投运第一条750kV输电示范工程（官亭—兰州东）。2006年7月，开工建设1000kV晋东南—南阳—荆门试验示范工程，在经过系统调试考核后，于2009年1月6日正式投入运行，标志着我国特高压输电技术实现了重大突破。±800kV级的直流输电工程是目前世界上电压等级最高的直流输电工程，国外虽曾进行过一些研究，但无实际工程运行经验。国家电网公司从2005年初启动±800kV直流输电工程关键技术和可行性研究，组织电力系统各相关单位进行了一系列研究、攻关，取得了丰硕成果；2007年6月，特高压直流试验基地试验线段全线带电，一次成功升压到±800kV；2010年7月8日，向家坝—上海±800kV特高压直流输电示范工程竣工投产。该工程是我国自主研发、自主设计和自主建设的，是世界上电压等级最高、输送容量最大、送电距离最远、技术水平最先进的直流输电工程。

目前，特高压技术相关书籍已经出版很多，但普遍存在理论叙述较多、专业性强的特点，同时，对具体特高压技术示范工程介绍较少；由此，对特高压技术感兴趣的广大读者迫切需要一本通俗易懂、图文并茂的普及性读物，本书就是基于这一要求来编写的。本书首先介绍特高压技术在国内外发展状态，特高压交流输电、特高压直流输电基本特性和性能特点；然后介绍了高压直流输电技术和特高压交流输电技术基本知识，最后介绍了近年来国内外特高压典型示范工程实例。全书选取了100余幅现场拍摄的特高压线路、器件的珍贵图片，增加了本书的可读性。

本书由四川电力职业技术学院杨力副教授主编，吴强、廖萍、杜印官参编，汤晓青副教授承担了本书的审稿工作。其中，杨力编写了第1章，杜印官编写了第2

章，吴强编写了第3章，廖萍编写了第4章；杨力完成了全书的统稿工作。

本书的出版得到了四川省电力公司科技经费专项资助。

由于编者知识水平的不足，书中难免存在的不妥之处，恳请读者批评指正。

编者

2011年4月

目 录

第1章 特高压技术概述

1.1 特高压输电发展概况

1.1.1 电网的功能及发展

1. 电网的基本功能

电网是将各种类型的发电厂（站）的电力输送到电力用户的电力传输网络，它由升压变电站、降压变电站及其相连的输电线路，相关的保护控制及通信系统组成。电网一般分为输电网和配电网。所有输变电设备连接起来构成输电网，所有配变电设备连接起来构成配电网。输电网和配电网统称为电网。发电厂、输电网、配电网和用电设备连接起来组成为一个集成的整体，称为电力系统。图1.1所示为电力系统结构图。

输电设备主要有输电线、杆塔、绝缘子串、架空地线等。变

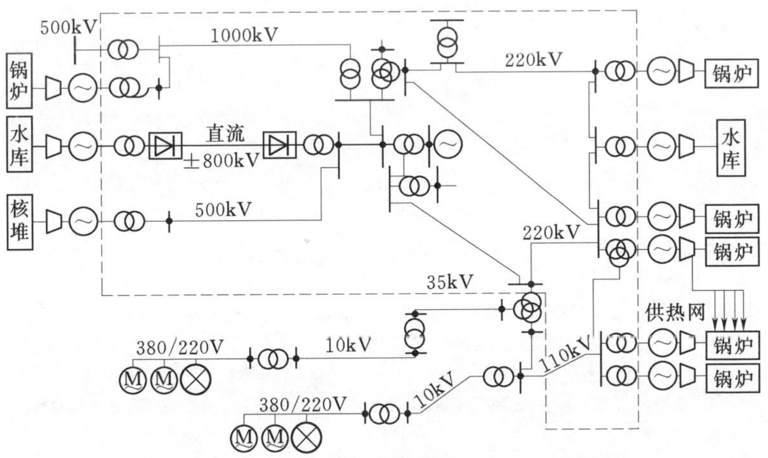

图1.1 电力系统结构图（虚框中为输电网）

电站内有变压器、电抗器（用于330kV以上的输电线路）、断路器、隔离开关、避雷器、电压互感器、电流互感器、母线等一次设备和确保安全、可靠输电的继电保护、监测和控制装置等二次设备。输电网一次设备和相关的二次设备的协调配合，是实现电力系统安全稳定运行，避免连锁事故发生，防止大面积停电的重要保证。

电网的基本功能是传输电能，通过电网将发电机组发出的电力输送到电力用户，或实现地区间、区域间的电能传输。对电网传输电能的基本要求是在安全、可靠、高效率、低损耗输电的基础上保证电网电压、频率、波形等相关的电能质量指标合格。

由于电能不能大规模储存，因此电力系统必须时刻保持电力供需平衡，否则将危及电力系统的稳定和安全。

大型、特大型发电机的利用和大容量、特大容量发电厂的建设，将产生更大规模经济效益。它们通过输电网可实现区域互联，在更大范围内进行电力的经济调度。

由于各区域电力资源的不平衡，输电的联网功能，特别是采用比区域骨干电网更高一级电压的输电联网已变得特别重要。它提供更充裕的互联，促进有效竞争的电力市场稳健发展，图1.2所示为输电网实景图。

图1.2　输电网实景图

2. 电网的发展

电力的广泛应用，电力需求的不断增加，推动电力技术日益向高电压、大机组、大电网发展，向电力规模经济发展。电力工业按生产和消费过程可分为发电、输电、配电和用电4个环节。输电通常指的是将发电厂或发电基地（包括若干电厂）发出的电力输送到消费电能的地区（又称负荷中心），或者将一个电网的电力输送到另一个电网，实现电网互联，构成互联电网。

随着电网技术的不断进步，输电容量和输电距离的不断增加，电网电压等级不断提高。电网电压从最初的13.8kV，逐步发展到高压35kV、66kV、110kV和220kV。1908年，美国建成了110kV输电线路，1923年，建成第一条230kV线路并投入运行。

进入20世纪50年代后，输电线路电压等级迅速向超高压330kV、345kV、400kV、500kV、735kV、750kV、765kV发展。瑞典于1952年建成世界上第一条380kV超高压线路。美国于1954年建成第一条345kV线路，1969年又建成765kV线路。前苏联1956年建成400kV线路，1967年建成750kV线路。最早建设750kV线路的是加拿大，于1965年建成735kV线路。1964年，前苏联将400kV输电线路改造升压为500kV线路，接着美国于1964年建成投运500kV线路。在发达的欧美国家，500kV线路发展比较慢，在超高压输电方面，主要发展345kV、380kV和750kV级的输电线路。

20世纪60年代末，美国、前苏联、意大利、日本、加拿大、巴西等国开始进行1100kV和1500kV特高压输电技术和特高压输电工程可行性的研究。1985年，前苏联第一条电压为1150kV特高压输电线路建成投运，一直运行到1989年。1988年，日本开始建设1000kV特高压输电线路，于1999年建成两条共长约430km的线路，降压到500kV运行。

从1882年在上海创办中国第一家公用电业公司——上海电气公司算起，中国电力工业至今已经走过近120年的历程。1949

年前，中国电力工业输电线路建设比较迟缓，输电电压按具体工程决定，因而，电压等级繁多。1908年，建成22kV石龙坝水电站至昆明线路；1921年，建成33kV石景山电厂至北京城的线路；1933年，建成抚顺电厂的44kV出线；1934年，建成66kV延边至老头沟线路；1935年，建成抚顺电厂至鞍山的154kV线路；1943年，建成110kV镜泊湖水电厂至延边线路。

新中国成立前，中国电网受国外电力公司控制和影响，电压等级比较混乱，到1949年后才按电网发展统一输电电压，逐渐形成经济合理的输电电压系列。1952年，中国以自己的技术建设了110kV输电线路，逐渐形成京津唐110kV输电网。

1954年，建成丰满至李石寨220kV输电线，以后继续建设辽宁电厂至李石寨、阜新电厂至青堆子等220kV线路，迅速形成东北电网220kV骨干网架。1972年，建成330kV刘家峡至关中输电线路，全长534km，以后逐渐形成西北电网330kV骨干网架。1981年，建成500kV姚孟至武昌输电线路，全长595km。为适应葛洲坝水电厂送出工程的需要，1983年又建成葛武和葛双两回500kV线路，开始形成华中电网500kV骨干网架。中国在逐渐形成330kV和500kV区域输电骨干网架的同时，于20世纪80年代初开始了330kV和500kV以上更高输电电压等级的论证。20世纪90年代，针对输电工程需要，继续进行了特高压输电和750kV输电可行性研究，建立特高压试验基地，开展特高压技术试验研究，图1.3所示为武汉特高压试验基地。

图1.3　武汉特高压试验基地

进入21世纪后，中国开始规划发展和设计建设1000kV特高压交流输电系统和±800kV特高压直流输电系统。2008年9月26日，建成投运第一条750kV输电示范工程（官亭—兰州东）。2006 年 7 月，开工建设 1000kV 晋东南—南阳—荆门试验示范工程，在经过系统调试考核后，于 2009 年 1 月 6 日正式投入运行，图 1.4 所示为该特高压交流输电线路跨越黄河图。2010 年 7 月 8 日，向家坝—上海±800kV 特高压直流输电示范工程竣工投产。该工程是中国自主研发、自主设计和自主建设的，是世界上电压等级最高、输送容量最大、送电距离最远、技术水平最先进的直流输电工程，图 1.5 所示为该工程输电线路图。

图 1.4　1000kV 特高压交流输电线路跨越黄河

图 1.5　向家坝—上海±800kV 直流输电线路

1.1.2　特高压电网

电网发展的历史表明：相邻两个电压等级的极差，在一倍以上才是经济合理的。前苏联 1150kV 输电线路运行表明：特高压输电技术和设备经过多年的研究和开发，已经达到实际运行的特高压输电工程的要求，因此，研究和建设由特高压交、直流输电线路组成的合理的电网结构，成为世界各国国家大电网发展趋势。

1. 特高压电压等级选择的原则

电网新的更高电压等级的选择是一个长期电力发展规划问题。输电电网新的更高电压等级系指在现有电网之上覆盖一个新的更高电压输电网的电压标称值。新的更高电压等级应满足投入之后 20～30 年大功率输电的需求。因此，超高压—特高压电压等级的选择应从一个国家未来电网发展及管理体制进行规划和决策，不能仅根据 1～2 项具体工程的需要做出决策。

超高压—特高压电压等级的决策应从现有超高压电网出发，面向未来的输电需求进行综合分析。分析时，应遵循以下基本原则：

（1）与所覆盖的地理区域范围、电力系统的规模相匹配的原则。

（2）与现有超高压电压等级的经济合理配合的原则。

（3）与电网的平均输电容量（能力）和输电距离相适应的原则。

（4）新的电压等级输变电设备从开发到可以用于工程的时间相协调的原则。

（5）特高压输电技术的可用性与输电需求相统一的原则。

（6）与新的发电技术相互促进的原则。

根据未来输电需求预测，需要更高电压仅作为 1～2 项远距离输电工程的电压，包括特高压交流和特高压直流，则可以考虑按经济成本进行不同方案比较，以最经济方案和技术的可行性决定输电工程的电压等级。

2. 确定特高压电压等级的方法

确定特高压电压等级，一般按未来 20～30 年输电网不同的平均输送容量和不同的平均输电距离的要求，以 1～2 个电压等级进行输电能力分析，得出不同方案的每千瓦电力的输电成本曲线，以各成本曲线的经济平衡点或平衡区决定更高电压标称值。

经过大量的分析，普遍认为超高压电网更高一级电压标称值应高出现有电网最高电压 1 倍及以上。这样，输电容量可提高 4 倍以上，不仅可与现有电网电压配合，而且为今后新的更高电压的发展留有合理的配合空间，能做到简化网络结构，减少重复容量，容易进行潮流控制，减少线路损耗，有利于电网安全运行。

研究表明：500kV 电网按 1.5～1.6 倍选用 750kV（或 765kV）为更高电压等级是不可取的，因为对短距离输电而言，750kV 输电不如 500kV 合理，而对远距离输电，750kV 不如

1000kV 好，因此在 500kV 输电以上的特高压电压等级应该选择 1000kV。

1.1.3 特高压电网发展历程

随着用电负荷日益快速增长和远距离、大容量输电需求的增加，发电技术和输电技术日新月异。在 20 世纪 60～70 年代，大型和特大型发电机组不断投入运行，大容量火电厂、水电厂和核电厂不断建设和运行。美国于 1950～1970 年末共建成容量超过 2000MW 的发电厂将近 60 座；仅 255 台额定容量为 600MW 及更大的汽轮发电机组就占矿物燃料和核燃料发电总容量的 47%；1954～1969 年，属于公用事业投资的火力发电厂容量从 67957MW 增长到 209950MW，而发电厂的数目却从 703 个减至 656 个。

大容量发电厂的建设增加了对大容量输电的要求。发达国家的输电电网从 20 世纪 50 年代在以高压电网为主的基础上，逐渐形成 330kV、345kV 以及 500kV 超高压输电网。前苏联、美国和加拿大等国逐渐建成了 750kV 和 765kV 等电压等级的电压最高的超高压输电网。

同时，高压、超高压输电线路和变电站的数目越来越多，环境问题变得日益突出，特别是输变电用地的约束条件将限制超高压输电的发展。大容量输电将实现规模经济，减少线损，避免输电设备的重复容量，确保电力系统可靠性，使输电线路土地占用降至最小。特高压输电被认为是提高线路输电能力的主要途径。美国电力公司（AEP），美国邦纳维尔电力公司（BPA 电力公司），日本东京电力公司，前苏联、意大利和巴西等国的电力公司，于 20 世纪 60 年代末或 70 年代初按电力发展需要开始进行特高压可行性研究。在广泛、深入的调查和研究的基础上，先后提出了特高压输电的发展规划和初期特高压输变电工程的预期目标和进度。

1. 美国特高压电网

美国 BPA 电力公司于 1970 年制订规划，拟用 1100kV 远距离输电线路，将喀斯喀特山脉东部煤矿区的坑口发电厂群的电力输送到西部用电负荷中心，输送容量为8000～10000MW。经论证，采用特高压输电可减少线路走廊用地，降低电网工程的造价，同时减少电网网损，并妥善解决了大型和特大型机组和发电厂故障引起的系统稳定性问题。

BPA电力公司当时计划于1995年建成第一条1100kV线路，输送功率6000MW，经过5年后可能再建一条线路。

美国电力公司（AEP）为了减少输电线路走廊用地和应对环境问题，提升765kV输电能力，曾规划在已有的765kV电网之上叠加1500kV特高压骨干电网。

2. 前苏联特高压电网

前苏联于20世纪70年代进行规划，在西伯利亚地区的坎斯克建设火力发电厂群。同时建设起于坎斯克经由伊塔特、巴尔淖尔到哈萨克斯坦的科克切塔夫、库斯坦奈，然后到乌拉尔的车里雅宾斯克的1150kV输电线路，全长2500km，将西伯利亚丰富的煤电和水电电力输送到前苏联的乌拉尔和其他欧洲部分的用电负荷中心。这条1150kV输电线路同时还是前苏联西伯利亚—哈萨克斯坦—乌拉尔3个联合电力系统的联络线。已建成埃基巴斯到科克切塔夫500km和科克切塔夫到库斯坦奈400km线路（在哈萨克斯坦境内）。

3. 日本特高压电网

日本于20世纪70年代开始规划，80年代初开始特高压技术研究，建设东西和南北两条1000kV输电主干线将位于东部太平洋沿岸的装机容量分别为4700MW和4400MW的福岛第一和第二核电站，装机容量为8120MW的柏崎核电站的电力输送到东京湾的负荷中心。两条线全长487.2km，已全部建成，计划输送电力10000MW以上。未来特高压输电系统功能将归结为：解决现有500kV系统的稳定问题；解决500kV系统东部日益增长的短路电流问题；为解决未来远距离传送电力的稳定问题奠定基础。

4. 中国特高压电网

中国从20世纪80年代末开始对特高压电网的规划和设备的制造进行研究。进入21世纪后，中国加快了特高压输电设备、电网研究和工程建设。2005年9月26日，第一条750kV输电试验线路（官亭—兰州东）示范工程投运。2006年12月，云南—广东±800kV特高压直流输电示范工程开工建设，并于2010年6月18日，通过验收正式投入运行，该工程输电距离1373km，额定电压±800kV，额定容量500万kW，这是迄今世界电压等级最高的直流输电项目。2007年6月，中国第一条1000kV交流输电线路，即晋东南—南阳—荆门1000kV特高压交流试验示范工程开工建设，2009年1月6日，该工程经过系统调试后投入运行。

1.2 特高压直流输电系统的结构和特点

1.2.1 特高压直流输电的系统构成

±600kV（1200kV）以上电压的直流输电在绝缘、电晕水平等方面与特高压交流输电大体相当，称为特高压直流输电（UHVDC）。目前，±800kV直流输电是技术上可行的输电技术。特高压直流输电工程主要采用±800kV特高压直流输电。向家坝—上海±800kV直流输电工程是中国在建的容量最大的特高压直流工程。该工程额定功率6400MW，额定电流4000A，额定电压±800kV，送端位于四川省宜宾市西南15km的向家坝，受端位于上海市奉贤区的陆家宅村，直流线路长1916km，直流输电导线截面采用ACSR-6×720mm^2。每极采用两组额定运行电压为400kV的12脉动换流器串联，12脉动换流器两端通过隔离开关连接直流旁路断路器。

1.2.2 特高压直流输电接线和运行方式

特高压直流输电采用如图1.6所示的接线方式。通过旁路断路器的操作，可以实现以下运行接线方式。

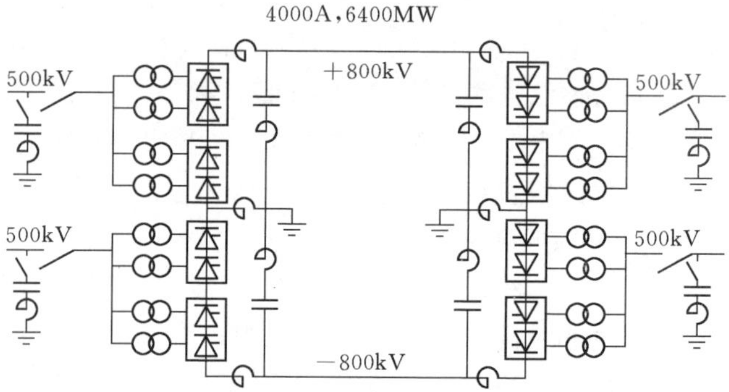

图 1.6　±800kV 特高压直流输电工程主接线图

（1）双极双 12 脉动换流器接线方式。

（2）双极换流器不平衡接线方式（一极双 12 脉动换流器接线、另一极单 12 脉动换流器接线），一极双换流器、另一极单换流器接线结构，可实现 8 种接线运行方式。

（3）双极单 12 脉动换流器接线方式，双极每极一个 12 脉动换流器接线结构，可实现 16 种接线运行方式。

（4）单极双 12 脉动换流器大地回线接线方式，单极双 12 脉动换流器接线结构可实现 4 种接线运行方式。

（5）单极双 12 脉动换流器金属回线接线方式，单极双 12 脉动换流器接线结构可实现 4 种接线运行方式。

（6）单极单 12 脉动换流器大地回线接线方式，单极单 12 脉动换流器接线方式，包括金属回线接线方式，可实现 16 种接线运行方式。

（7）单极单 12 脉动换流器金属回线接线方式。

1.2.3　特高压直流系统运行控制模式和保护配置

1. 特高压直流系统运行控制模式

向家坝—上海±800kV 特高压直流输电系统运行控制模式如下：

（1）双极功率控制。双极功率控制是该直流输电系统的主要控制模式。双极功率控制具有手动功率控制方式和自动功率控制方式。

（2）极功率独立控制。极功率独立控制模式按每个极单独实现。在这种控制模式下，该极的传输功率保持在按极设置的功率参考值，不受双极功率控制的影响。

（3）同步极电流控制。同步极电流控制模式可在每个极单独实现。同步电流参考值只可以手动调整，不需要类似双极功率控制的自动功能。

（4）应急极电流控制。控制系统具有一种应急极电流控制模式，以便当本站与对站间用于交换电流参考值指令的通道发生故障时，直流系统继续运行。

2. 特高压直流系统保护配置

直流系统保护的目的是保证直流系统的安全运行。直流系统保护的范围应覆盖两端换流站的换流变压器网侧与交流开关场相连的交流断路器之间的区域，以及交流滤波器及其引线上的所有设备。直流系统保护对保护区域的所有相关的直流设备进行保护，不存在保护死区。双极中性线和接地极引线是两个极的公共部分，其保护不允许有死区，以保证对双极稳定运行。

根据特高压直流工程设备的设计和系统性能要求，特高压直流保护区域包括：

（1）阀厅区保护。阀厅区指从换流变压器阀侧套管至高压/低压 12 脉动换流器阀厅直流侧的直流穿墙套管之间的区域。

（2）脉动桥联母区保护。12 脉动桥联母区指从高压 12 脉动桥低压直流穿墙套管至低压 12 脉动桥高压直流穿墙套管间的区域。

（3）旁路开关区保护。旁路开关保护主要用于保护旁路开关及其相邻的区域。

（4）直流开关场高压区保护。直流开关场高压区域指从高压 12 脉动桥高压直流穿墙套管至直流出线上的直流电流互感器，不包括直流滤波器设备。

（5）极中性母线区保护。极中性母线区保护用于保护从极低压 12 脉动桥低压直流穿墙套管至极中性线的电流互感器之间的区域。

（6）双极区保护。双极区保护用于保护从两个单极中性线的电流互感器至接地极之间的导线和所有设备。

（7）直流线路区保护。直流线路区是指两换流站直流出线上的直流电流互感器之间的直流导线和所有设备。

（8）直流滤波器保护。直流滤波器保护包括直流滤波器高、低压侧之间的所有设备的保护。

（9）换流变压器区保护。换流变压器区包括从换流变压器网侧相连的交流断路器至换流变压器阀侧穿墙套管之间的导线及所有设备。

（10）交流滤波器和并联电容器保护。交流滤波器区包括交流滤波器及其引线上的所有设备。

在直流功率的两个传输方向下，直流系统满足上述所有运行接线方式和运行控制模式运行，当直流系统发生故障时，直流系统保护应可靠动作，以保护设备的安全。

1.2.4　特高压直流输电设备

直流输电换流站的主要设备有换流阀、换流变压器、平波电抗器、交流滤波器、直流滤波器、直流避雷器、交流避雷器、无功补偿设备、控制保护装置、远动通信设备等。其中交流滤波器、交流避雷器、无功补偿设备（以上设备均接在换流站交流母线上，与直流侧高电压无直接关系）以及控制保护装置和远动通信设备，对于特高压直流输电和高压直流输电没有太大的差别。特高压直流输电主要是直流侧电压高、容量大，对换流阀、换流变压器、平波电抗器、直流滤波器、直流避雷器等设备，则提出更高的要求。

1. 换流阀

目前大型直流输电工程均采用晶闸管换流阀。这种换流阀是由许多个晶闸管元件串联而组成的，其电压取决于单个晶闸管元件的电压以及元件串联的个数；其电流取决于晶闸管的通流能力，而后者主要由晶闸管的截面所决定。目前在向家坝—上海±800kV 直流输电工程上应用的 6 英寸晶闸管元件的参数是 8000V，4000A。每一个 12 脉动换流器两端并接有直流旁路断路器以及隔离开关，用于退出或投入此 12 脉动换流器。

2. 换流变压器

换流变压器阀侧绕组承担有交流电压和直流电压的叠加，这对变压器的油纸绝缘和套管均有特殊的要求。通过研究，向家坝—上海±800kV 直流输电工程换流变压器采用单相双绕组、有载调压、油浸式，向家坝侧复龙换流站单台额定容量为 321.12MVA，单极两个 12 脉动换流器串联共计 12 台换流变压器；上海侧奉贤换流站单台额定容量为 303.79MVA，单极 12 台换流变压器。

3. 平波电抗器

直流输电工程所采用的平波电抗器有干式和油浸式两种类型。

干式平波电抗器对地绝缘简单，其主绝缘由支柱绝缘子承担；结构简单、质量轻、易于运输；无辅助系统、运行维护方便。干式电抗器无铁芯，在任何电流下其电感值均保持不变，但电感值不易做大；在直流输电潮流反转、直流电压极性反转时，没有临界场强的限制。油浸式电抗器的主绝缘由油纸复合绝缘系统提供，相对较复杂，在电压极性反转时，受临界场强的限制；但其油纸绝缘系统技术较成熟，运行较可靠。油浸式电抗器由于有铁芯，易于增加电感值；在大电流下，由于铁芯饱和使电感值减小。油浸式电抗器采用干式套管直接插入阀厅，解决了水平穿墙套管的不均匀湿闪问题。以上两种类型的平波电抗器在直流输电工程中均得到广泛应用。向家坝—上海±800kV 直流输电工程单极采用极母线和中性母线分别串联两台 75mH 的干式空芯平波电抗器。

4. 直流滤波器

直流滤波器的功能主要是降低直流侧谐波。通常直流滤波器采用由电容、电感和电阻组成的调谐型滤波器，并联在换流站直流极母线和中性母线之间。向家坝—上海±800kV 直流输电工程每站每极装设 1 组 12/24/36 次 3 调谐直流滤波器。

5. 交流滤波器

直流换流站在正常运行时，将从交流电网吸收大量的无功功率。向家坝—上海±800kV 直流输电工程复龙换流站配备 4 大组、14 小组交流滤波器和并联电容器，其中 4 小组 11/13 次滤波器，4 小组 24/36 次滤波器，1 小组 HP3 次滤波器，5 小组并联电容器；滤波器或并联电容器的无功功率容量均为 220Mvar，总计 3080Mvar。

6. 直流避雷器

换流站中有多种交流避雷器和直流避雷器，交流避雷器接在交流侧，与直流电压无直接关系。与特高压直流输电有直接关系的主要有直流线路避雷器、直流极母线避雷器、直流中性母线避雷器、直流阀避雷器等。

目前，由于氧化锌避雷器具有良好的非线性伏安特性、通流能力强、结构简单等优点，因此在换流站得到广泛应用。

7. 直流绝缘子和套管

由于直流输电线路和换流站的环境污秽特性，要求直流绝缘子（线路绝缘子和支柱绝缘子）和套管的爬距长并具有良好的防污性能。长爬距的瓷绝缘子和玻璃绝缘子在直流线路上均得到广泛应用。复合绝缘子具有良好的抗污闪性能、价格便宜，近年来在直流输电工程中已经得到应用。

8. 二次系统概况

向家坝—上海±800kV 直流输电工程二次系统包括：

(1) 与远方控制中心（如国家电力调度通信中心、电网的省级调度、远方集中控制中心）接口的子系统。包括远动工作站及点对点通信用调制解调器等。

(2) 运行人员控制和交直流站控系统。换流站运行人员控制系统主要包括站 LAN 网、运行人员工作站、阀冷却控制室工作站、工程师工作站、站长工作站、SER 终端、服务器、站主时钟、MIS 接口工作站等。该系统是换流站正常运行时运行人员的主人机界面和站监控数据采集系统的重要部分。

(3) 换流系统控制(包括双极控制、极控、换流单元控制),简称直流控制。该部分主要包括控制主机、分布式现场总线和分布式 I/O 等设备。换流系统控制的主要功能是产生换流阀的控制脉冲,保证系统平稳地完成直流系统的启动或停运。

1.3 特高压交流输电基本特性及技术特点

特高压按国际惯例指的是交流 1000kV,直流±800kV 及以上电压等级,由于特高压技术代表了当今世界电网技术发展的最高水平,是能源领域一项具有很高技术含量和经济价值的新技术,这里仅简单介绍特高压交流输电的技术特点及该技术的经济价值。

1.3.1 特高压交流输电的技术特点和经济性

交流特高压输电的技术特点和经济优势可归纳为以下几点。

1. 输送容量大

自然功率是交流输电线路送电能力的一项重要指标,与电压平方成正比,该阻抗与波阻抗成反比。1000kV 交流线路的电压是 500kV 线路的 1 倍,波阻抗一般也较低,因此输电能力大幅度提高,自然功率约为 500kV 线路的 5 倍,接近 500 万 kW。

2. 送电距离长

电网中两节点之间的电气距离可以用归算到某一电压的等效串联阻抗值来表示,与线路电压平方成反比,与线路长度及单位长度阻抗成正比。电气距离越短,说明电气联系越紧密,稳定水平越高。采用 1000kV 交流特高压输电,其电气距离不到同长度 500kV 输电线路的 1/4,可提高系统的稳定水平。换句话说,在输送相同功率的情况下,1000kV 线路的最远送电距离可以达到

500kV 线路的 4 倍。

3. 线路损耗低

线路电阻损耗是影响电网经济运行的一项重要指标，它与线路电阻及线路电流的平方成正比。在输送相同容量时，电压提高，电流就降低，线路电阻损耗成平方降低。在导线总截面、输送容量均相同的情况下，1000kV 交流线路的电阻损耗是 500kV 交流线路的 1/4。

4. 工程投资省

采用特高压输电技术，可以节省大量导线和铁塔材料，从而降低建设成本。根据有关设计部门的计算，1000kV 交流输电方案的单位输送容量综合造价约为 500kV 输电方案的 73%，节省工程投资的效益显著。

5. 走廊利用率高

对于 1000kV 交流特高压输电，考虑电磁环境影响后，典型的同塔双回和猫头塔单回线路的走廊缓冲区宽度分别为 75m 和 81m，单位走廊输送能力分别为 13.3 万 kW/m 和 6.2 万 kW/m，约为同类型 500kV 线路的 3 倍。特高压输电技术的应用，可大大提高输电走廊利用率，节省土地资源。

6. 联网能力强

通过交流特高压同步联网，可以大幅度缩短电网间的电气距离，加强电气联系，提高稳定水平，充分发挥大电网互联的水火互济、错峰、跨流域互补、减少系统装机备用容量等各种联网效益。利用特高压联网，增强网间功率交换能力，可在更大范围内优化能源资源配置，有利于改善电网结构，从根本上解决短路电流超标等问题。

总体而言，特高压电网具备长距离、大容量和低损耗的送电能力，代表着当今输电技术的最高水平，符合中国国情，代表中国电网的发展方向。

1.3.2　特高压交流输电的关键技术

1. 特高压电网的无功补偿及电压控制技术

特高压线路的一个显著特点是线路电容产生的无功功率很

大。对于 100km² 的特高压线路，在额定电压为 1000kV 以及最高运行电压为 1100kV 的条件下，发出的无功功率可以达到 400～500Mvar，约为超高压线路的 5 倍。同时，在特高压电网不同的发展时期，特高压输电线路传输的功率有较大分别，无功功率的变化也很大。

在交流特高压输电线路输送功率较小时，并联电容产生的无功功率大于串联电抗消耗的无功功率，电网无功过剩较大，电压上升，危及设备和系统的安全；在线路末端三相开断或故障后非全相开断时，线路上将产生工频过电压，同样危及设备和系统的安全。

晋东南—南阳—荆门交流特高压试验示范工程中，晋东南—南阳线路长度为 363km，荆门—南阳线路长度为 291km，采用的高压电抗器配置方案为：晋东南侧高压电抗器配置容量为 960Mvar；晋东南—南阳线路南阳侧高压电抗器与南阳—荆门线路南阳侧高压电抗器容量相同，均为 720Mvar；荆门侧按 600Mvar 配置。采用的低压无功补偿配置方案为：晋东南和荆门站配置低压无功补偿装置，低压电容器组单组容量为 240Mvar，低压电抗器单组容量为 240Mvar，两站各配置 3 组低压电容器和 2 组低压电抗器。图 1.7 是我国研制的 1100kV、320 Mvar 并联电抗器实物图。

图 1.7　1100kV、320Mvar 并联电抗器实物图

2. 特高压电网的内部过电压保护

电力系统内部过电压是指由于电力系统故障或者开关操作而引起电网中电磁能量的转化，从而造成瞬时或持续时间较长的高

于电网额定工作电压并对电气装置造成威胁的电压升高。

电力系统的内部过电压可以分为操作过电压和暂时过电压两类。操作过电压在故障或操作瞬间发生，持续时间在几十毫秒内；暂时过电压又可以分为工频过电压和谐振过电压，它们是由于电力系统存在的电感和电容效应而产生的。此外，对于特高压线路，当发生单相接地故障后，故障相两端跳闸，但其他两相仍然运行，由于相间电容和电感的存在，故障点仍有一定电流，这就是潜供电流，它会产生潜供电弧；同样由于电容和电感的作用，在原弧道会产生恢复电压，从而增加了故障点自动熄弧的困难，并导致自动重合闸失败。

根据中国电网运行的实际情况，为了限制内部过电压，采取下列措施：

（1）对于工频过电压，采用高压并联电抗器补偿高压线路充电电容，并使用可以调节或可靠的并联电抗器；使用良导体地线和金属氧化物避雷器（MOA）来限制工频过电压，此外，还采用限制合理的系统结构和运行方式来降低工频过电压。

（2）对于潜供电流，采用有高压并联电抗器的线路，在高压并联电抗器中性点加装小电抗器对相间电容和相对地电容进行补偿，减小潜供电流和恢复电压。另外，使用快速接地开关。这种方法是在故障相线路两侧开关跳开后，先快速合上故障线路两侧的快速接地开关，将接地点的潜供电流转移到电阻很小的两侧闭合的接地开关上，以促使接地点潜供电弧的熄灭；然后快速打开接地开关，利用开关的灭弧能力将其小电弧强迫熄灭，最后再重合故障相线路。

（3）对于操作过电压，一般采用性能优越的金属氧化物避雷器（MOA）来限制操作过电压。另外，可以采用加装合闸电阻断路器。合闸时，首先投入合闸电阻，经过一段时间后再合上主触头，以此达到限制合闸过电压的目的。

3. 外部过电压及其保护

特高压电网所面临的外部过电压主要是雷电过电压，它是带电雷云快速放电而在输电系统中产生的一种幅值很高的电压。它又可以分为直击雷过电压和感应雷过电压。

（1）可能在输电线路上产生的雷电过电压主要有下面几种类型：

1）雷电反击过电压。雷击于输电线路的杆塔或避雷线时，在杆塔的塔顶和横担上形成很高的电位，相应地在线路绝缘子串两端（即导线和横担之间）产生较高的电位差，这就是雷电反击过电压。特高压线路由于绝缘水平高，发生反击闪络的概率很小。

2）雷电绕击过电压。如果雷击绕过避雷线，直接雷击于导线，雷电流在导线上就会形成较高的过电压，此即为雷电绕击过电压。

3）雷电感应过电压。雷击于输电线路附近的地面时，可在导线上感应产生过电压，称为雷电感应过电压。感应过电压只会危害电压等级较低（如 35kV 以下）的输电线路。

此外，雷击还通过雷电侵入波过电压、直接雷过电压的方式对变电站及其设备有较大的破坏作用。

（2）特高压线路防护雷电过电压的措施如下：

1）降低绕击过电压。特高压线路降低绕击过电压的主要措施是加大避雷线的间距，减小避雷线的保护角，对特高压线路来说一般保护角取 5°～6°，甚至更小。

2）降低雷电反击过电压及雷电跳闸率。输电线路运行经验表明，降低杆塔接地电阻是降低雷电反击过电压的有效措施。此外，架设耦合地线，将避雷线由 2 条变为 3 条，提高线路绝缘水平，也可以降低雷电反击跳闸率。

4. 特高压电网的绝缘配合

超高压输电线路运行经验表明：电力系统 90％以上的事故都是由于绝缘材料在电气、机械、温度等应力下的绝缘特性破坏，导致高压导体接地或不同电位导体之间的连接，中断电力变换或传输，从而引起停电事故。

在运行中，因雷击、故障和开关操作的影响，高压设备还要承受超过工作电压的过电压，以及远超过工作电流的事故短路电流，承受日照、辐射、大风、雨淋、覆冰、覆雪、污秽与温度变化等环境影响，面对可能发生的风暴和地震等自然灾害。从而导致输电设备中的导线、杆塔金具相关的绝缘材料的绝缘性能下降，造成电气装置的绝缘水平下降，造成线路故障和停电事故。

（1）特高压架空输电线路的绝缘方式。特高压架空输电线路的高电压导体需要用绝缘子与不同电位的导体、杆塔、构架、大地等隔离开来，绝缘子的形式主要分电瓷、玻璃和有机绝缘3种类型，由于特高压线路采用盘形悬式绝缘子，其机械强度要求高，质量稳定性好。

（2）特高压变电站内的绝缘方式。特高压变电站内的设备几乎采用了固体、气体、液体以及混合绝缘等所有绝缘形式：支撑、悬挂、包容母线等裸露高压导体的绝缘方式主要采用各种绝缘子；变压器、高压并联电抗器等设备采用油纸混合绝缘，绕组用绝缘纸包缠起来放在装有绝缘油的油箱中；断路器主要采用 SF_6 气体绝缘形式；敞开式电流、电压互感器，避雷器，套管等设备可采用油纸混合绝缘或 SF_6 气体绝缘形式。

5. 特高压架空输电线路的导线、金具与杆塔

在特高压交流架空输电线路中，导线的选型及分裂方式、导线对地距离及交叉跨越、绝缘子金具防电晕、杆塔方案及荷载，已经成为特高压交流输电线路设计的关键技术。

（1）特高压架空输电线路导线的选择。导线的选择是特高压输电技术的重要课题，不仅要满足线路输送电能的要求、保障长期安全可靠运行的需要，满足相应环保标准，资金预算也应控制在合理范围内。

在晋东南—荆门1000kV特高压交流输电工程中，经过经济电流密度计算，再综合国外特高压交流线路相关资料，确定了采用8分裂导线，导线截面可以选择 $400mm^2$、$500mm^2$、$630mm^2$，综合分析表明，采用 $8\times500mm^2$ 导线方式可以满足各方面技术、经济指标，评价优良。因此在1000kV晋东南—南阳—荆门特高压工程中，导线采用8分裂LGJ-500/35型钢芯铝绞线，架设两根地线，一根为JLB20A-170型铝包钢绞线，另一根为OPGW-175型光缆。导线和地线的参数见表1.1。

表1.1　　导线和地线参数表

线别	型　号	截面 (mm^2)	直径 (mm)	计算重量 (kg/km)	计算拉断力 (kN)	安全系数
导线	LGJ-500/35	531.37	30.0	1642	119.5	2.5
地线	JLB20A-170	172.5	17.0	1152	203.38	—
光缆	OPGW-150	176.5	17.5	1183	201.5	—

（2）特高压输电线路杆塔的选择。特高压交流输电线路的铁塔选择应该考虑到杆塔受力因素，保证杆塔能承受线路正常运行的各种受力情况，其次还要考虑到对环境的影响，经济合理，便于加工和安装等因素。

在晋东南—荆门1000kV特高压交流输电线路中，根据施工工程的需要选用酒杯形直线塔、猫头形直线塔和干字形耐张塔，铁塔采用角钢塔，主材用Q420高强度角钢，3种塔形结构如图1.8所示。

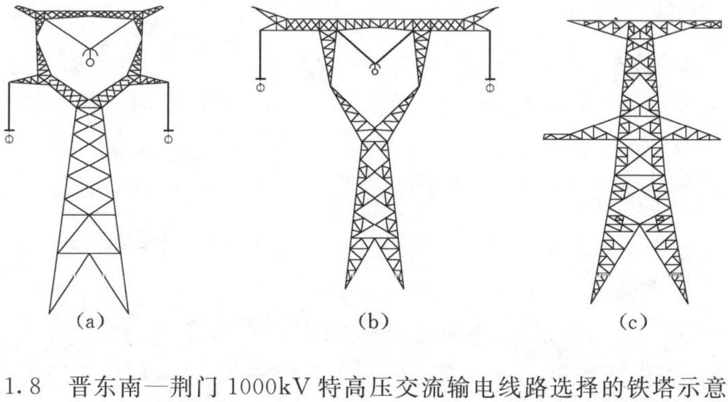

(a)　　(b)　　(c)

图1.8　晋东南—荆门1000kV特高压交流输电线路选择的铁塔示意图

(a) 猫头形直线塔；(b) 酒杯形直线塔；(c) 干字形耐张塔

(3) 特高压输电线路基础的选择。常见的铁塔基础有平板基础、掏挖基础、岩石基础和桩式基础。在基础施工过程中要注意环境保护，选择适合线路所经地区的地质、地形条件的基础，尽量减少土石方的开挖，减少水土流失和对杆塔附近植被的破坏。

图 1.9 所示为 1000kV 特高压交流输电工程某工地大板式基础施工布置图。

图 1.9　特高压交流输电工程某工地大板式基础施工布置图

(4) 特高压输电线路杆塔金具。杆塔金具的主要作用是把导线连接起来组成通电回路，通过绝缘子将导线悬挂于杆塔上，并保护导线和绝缘子免受高电压的伤害，同时使电晕和无线电干扰控制在合理的水平，保护人类的生活环境。由于电压等级的提高，特高压输电线路金具除了具有超高压金具的基本特征外，还要满足在保护绝缘子、屏蔽电晕和无线电干扰方面的更高要求。

图 1.10 所示为 1000kV 特高压交流输电线路采用的 8 分裂导线间隔棒示意图。

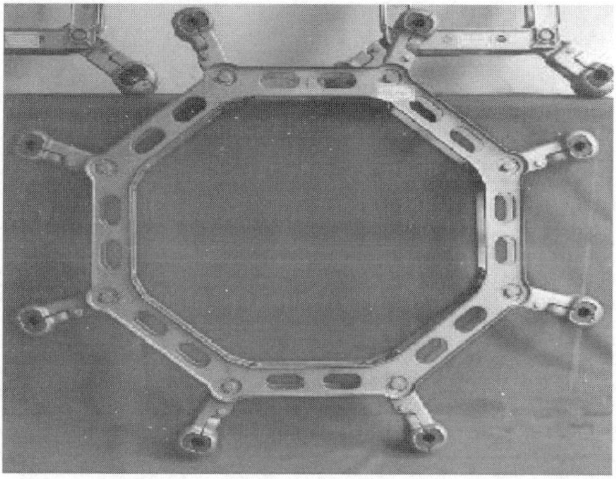

图 1.10 1000kV 交流输电线路采用的 8 分裂导线间隔棒

第 2 章 高压直流输电

2.1 直流输电的结构和特点

2.1.1 直流输电系统的结构

直流输电系统由整流站、直流输电线路和逆变站 3 部分组成，如图 2.1 所示。由图 2.1 可以看出：送端交流电经换流变压器和换流阀变换成直流电，然后由直流线路把直流电输送给逆变站，经逆变换流变压器再将直流电变换成交流电后，送入受端交流系统。

直流输电系统按照其与交流系统的接口数量分为两大类，即两端（或端对端）直流输电系统和多端直流输电系统。两端直流输电系统是只有一个整流站和一个逆变站的直流输电系统，它与交流系统只有两个接口，是结构最简单的直流输电系统，是世界

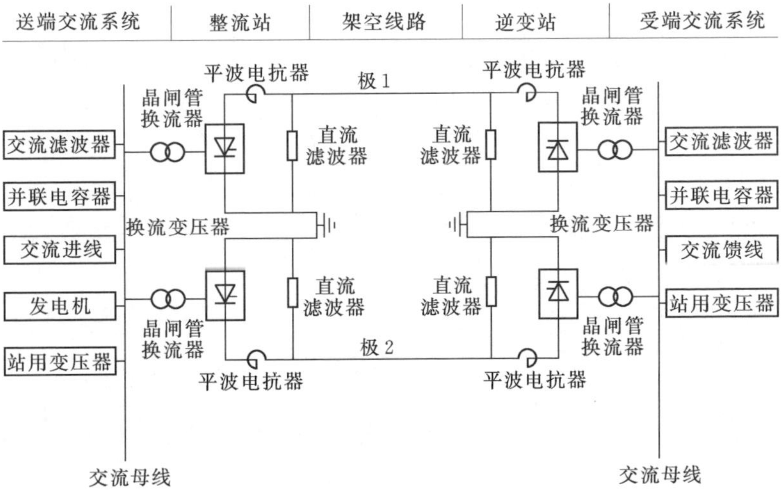

图 2.1 直流输电系统结构示意图

上已经运行的直流输电工程普遍采用的方式。多端直流输电系统与交流系统有 3 个及以上的接口，它有多个整流站和逆变站，以实现多个电源系统向多个受端系统的输电。目前只有意大利—撒丁岛（三端）和加拿大—美国的魁北克—新英格兰（五端）直流输电工程为多端直流输电系统。

两端直流输电系统又可分为单极（正极或负极）、双极（正、负两极）和背靠背直流输电系统（无直流输电线路）3 种类型。

1. 单极直流输电系统

单极直流输电系统中换流站出线端对地电位为正的称为正极，为负的称为负极。与正极或负极相连的输电导线称为正极导线或负极导线，或称为正极线路或负极线路。单极直流架空线路通常多采用负极性（即正极接地），这是因为正极导线电晕的电磁干扰和可听噪声均比负极导线的大。同时由于雷电大多为负极性，使得正极导线雷电闪络的概率也比负极导线的高。单极系统运行的可靠性和灵活性不如双极系统好，因此，单极直流输电工程比较少。

单极系统的接线方式可分为单极大地（或海水）回线方式和单极金属回线方式两种。另外当双极直流输电工程在单极运行时，还可以接成双导线并联大地回线方式运行。图 2.2 给出这 3 种方式的示意图。

（1）单极大地回线方式。单极大地回线方式是两端换流器的一端通过极导线相连，另一端接地，利用大地（或海水）作为直流的回流电路，如图 2.2（a）所示。

这种方式的线路结构简单，利用大地作为回线，省去一根导线，线路造价低。但地下（或海水中）长期有大的直流电流流过，大地电流所经之处，将引起埋设于地下或放置在地面的管道、金属设施发生电化学腐蚀，使中性点接地变压器产生直流偏磁而造成变压器磁饱和等问题。这种方式主要用于高压海底电缆直流工程，如瑞典—丹麦的康梯—斯堪工程，瑞典—芬兰的芬挪—斯堪工程，瑞典—德国的波罗的海工程，丹麦—德国的康特克

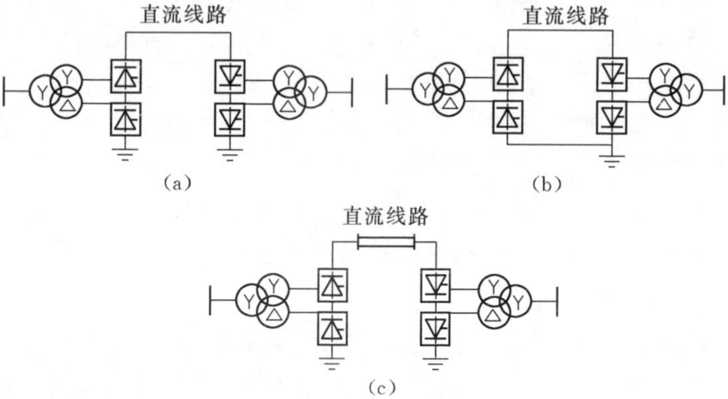

图 2.2 单极直流输电系统接线图
(a) 单极大地回线方式；(b) 单极金属回线方式；
(c) 单极双导线并联大地回线方式

工程等。

(2) 单极金属回线方式。单极金属回线方式如图 2.2 (b) 所示，采用低绝缘的导线（也称金属返回线）代替单极大地回线方式中的大地回线。在运行中，地中无电流流过，可以避免由此所产生的电化学腐蚀和变压器磁饱和等问题。为了固定直流侧的对地电压和提高运行的安全性，金属返回线的一端接地，其不接地端的最高运行电压为最大直流电流在金属返回线上的压降。这种方式的线路投资和运行费用均较单极大地回线方式的高。通常只在不允许利用大地（或海水）为回线或选择接地极较困难以及输电距离又较短的单极直流输电工程中采用。但在双极运行方式中需要单极运行时可以采用。

(3) 单极双导线并联大地回线方式。单极双导线并联大地回线方式如图 2.2 (c) 所示。这种方式是双极运行方式中需要单极运行时采用的特殊方式，与单极大地回线方式相比，由于极导线采用两极导线并联，极导线电阻减小一半，因此，线路损耗减小一半。

2. 双极系统接线方式

双极系统接线方式是直流输电工程普遍采用的接线方式，可分为双极两端中性点接地方式、双极一端中性点接地方式和双极金属中性线方式 3 种类型。图 2.3 所示为双极直流输电系统接线示意图。

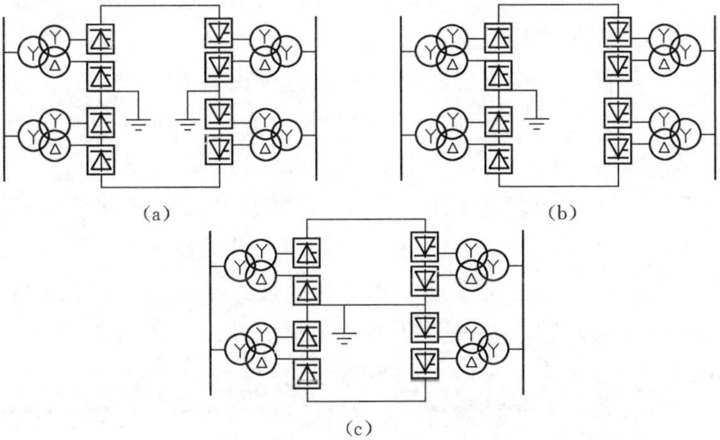

图 2.3　双极直流输电系统接线示意图

(a) 双极两端中性点接地方式；(b) 双极一端中性点接地方式；(c) 双极金属中性线方式

(1) 双极两端中性点接地方式。双极两端换流器中性点接地方式（简称双极方式）的正负两极通过导线相连，两端换流器的中性点接地，如图 2.3 (a) 所示。实际上，它可以看成是两个独立的单极大地回路方式。正负两极在地回路中的电流方向相反，地中电流为两极电流之差值。双极对称运行时，地中无电流流过，或仅有少量的不平衡电流流过，通常小于额定电流的 1%。因此，在双极对称方式运行时，可消除由于地中电流所引起的电腐蚀等问题。当需要时，双极可以不对称运行，这时两极中的电流不相等，地中电流为两极电流之差。运行时间的长短由接地极寿命决定。

在双极两端换流器中性点接地方式的直流输电工程中，当一极故障时，另一极可正常并过负荷运行，可减小送电损失。双极对称运行时，一端接地极系统故障，可将故障端换流器的中性点自动转换到换流站内的接地网临时接地，并同时断开故障的接地极，以便进行检查和检修。当一极设备故障或检修停运时，可转换成单极大地回线方式、单极金属回线方式或单极双导线并联大地回线方式运行。由于此方式运行方式灵活、可靠性高，大多数直流输电工程都采用此接线方式。

（2）双极一端中性点接地方式。这种接线方式只有一端换流器的中性点接地，如图 2.3（b）所示。它不能利用大地作为回路。当一极故障时，不能自动转为单极大地回线方式运行，必须停运双极，在双极停运以后，可以转换成单极金属回线运行方式。因此，这种接线方式的运行可靠性和灵活性均较差。其主要优点是可以保证在运行中地中无电流流过，从而可以避免由此所产生的一系列问题。这种系统构成方式在实际工程中很少采用，只在英—法海峡直流输电工程中得到应用。

（3）双极金属中性线方式。双极金属中性线方式是在两端换流器中性点之间增加一条低绝缘的金属返回线。它相当于两个可独立运行的单极金属回线方式，如图 2.3（c）所示。为了固定直流侧各种设备的对地电位，通常中性线的一端接地，另一端中性点的最高运行电压为流经金属线中最大电流时的电压降。这种方式在运行中地中无电流流过，它既可以避免由于地电流而产生的问题，又具有比较高的可靠性和灵活性。当一极线路发生故障时，可自动转为单极金属回线方式运行。当换流站的一个极发生故障需停运时，可首先自动转为单极金属回线方式，然后还可转为单极双导线并联金属回线方式运行。其运行的可靠性和灵活性与双极两端中性点接地方式相类似。由于采用 3 根导线组成输电系统，其线路结构较复杂，线路造价较高。通常是当不允许地中流过直流电流或接地极地址很难选择时才采用。例如，英国伦敦的金斯诺斯地下电缆直流工程、日本纪伊直流工程以及加拿大—美国的魁北克—新英格兰多端直流工程的一部分是采用这种系统构成方式。

3. 背靠背直流系统

背靠背直流系统是输电线路长度为零（即无直流输电线路）的两端直流输电系统，它主要用于两个异步运行（不同频率或频率相同但异步）的交流电力系统之间的联网或送电，也称为异步联络站。如果两个被联电网的额定频率不相同（如 50Hz 和 60Hz），也可称为变频站。背靠背直流系统的整流站和逆变站的设备装设在一个站内，也称背靠背换流站。在背靠背换流站内，整流器和逆变器的直流侧通过平波电抗器相连，而其交流侧则分别与各自的被联电网相连，从而形成两个交流电网的联网。两个被联电网之间交换功率的大小和方向均由控制系统进行快速方便的控制。为降低换流站产生的谐波，通常选择 12 脉动换流器作为基本换流单元。如图 2.4 所示为背靠背换流站的原理接线。换流站内的接线方式有换流器组的并联方式和串联方式两种。

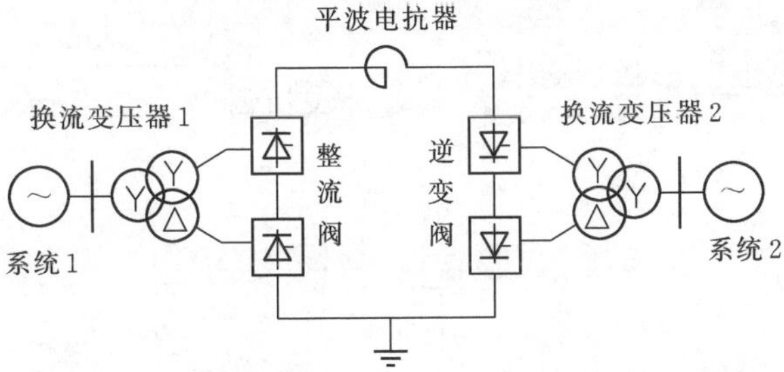

图 2.4 背靠背换流站原理接线图

背靠背直流输电系统的主要特点是直流侧可选择低电压、大电流（因无直流输电线路，直流侧损耗小），可充分利用大截面晶闸管的通流能力，同时直流侧设备（如换流变压器、换流阀、平波电抗器等）也因直流电压低而使其造价相应降低。由于整流器和逆变器均装设在一个阀厅内，直流侧谐波不会造成对通信线路的干扰，因此可省去直流滤波器，减小平波电抗器的电感值。由于采用 3 根导线组成输电系统，其线路结构较复杂，线路造价较高。通常是当不允许地中流过直流电流或接地极极址很难选择时才采用。

4. 多端直流输电系统

多端直流输电系统是由3个及以上换流站，以及连接换流站之间的高压直流输电线路所组成，它与交流系统有3个及以上的接口。多端直流输电系统可以解决多电源供电或多落点受电的输电问题，它还可以联系多个交流系统或者将交流系统分成多个孤立运行的电网。在多端直流输电系统中的换流站，可以作为整流站运行，也可以作为逆变站运行，但作为整流站运行的换流站总功率与作为逆变站运行的总功率必须相等，即整个多端系统的输入和输出功率必须平衡。根据换流站在多端直流输电系统之间的连接方式可以分为并联方式或串联方式，连接换流站之间的输电线路可以是分支形或闭环形，如图2.5所示。

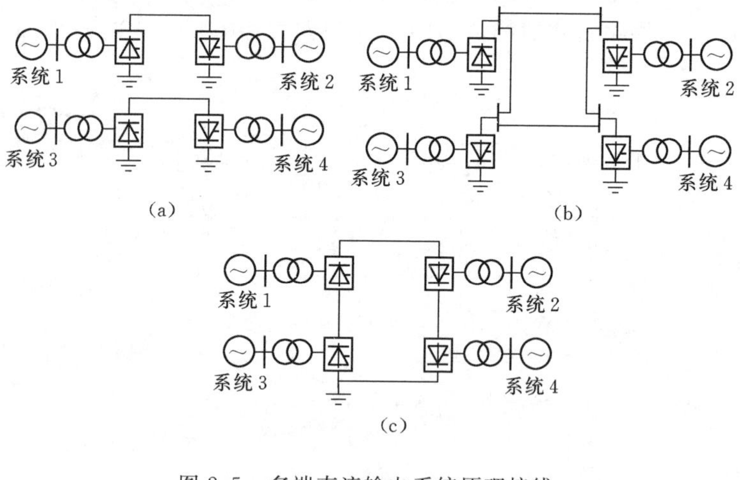

图2.5 多端直流输电系统原理接线

(a) 并联一分支形；(b) 并联一闭环形；(c) 串联接线

（1）串联方式。串联方式的特点是各换流站均在同一个直流电流下运行，换流站之间的有功调节和分配主要是靠改变换流站的直流电压来实现。串联方式的直流侧电压较高，在运行中的直流电流也较大，因此其经济性能不如并联方式好。当换流站需要改变潮流方向时，串联方式只需改变换流器的触发角，使原来的整流站（或逆变站）变为逆变站（或整流站）运行，不需改变换流器直流侧的接线，潮流反转操作快速方便。当某一换流站发生故障时，可投入其旁通开关，使其退出工作，其余的换流站经自动调整后，仍能继续运行，不需要用直流断路器来断开故障。当某一段直流线路发生瞬时故障时，需要将整个系统的直流电压降到零，待故障消除后，直流系统可自动再启动。当一段直流线路发生永久性故障时，则整个多端系统需要停运。

（2）并联方式。并联方式的特点是各换流站在同一个直流电压下运行，换流站之间的有功调节和分配主要是靠改变换流站的直流电流来实现。由于并联方式在运行中保持直流电压不变，负荷的减小是用降低直流电流来实现，因此其系统损耗小，运行经济性也好。

由于并联方式具有上述优点，因此目前已运行的多端直流系统均采用并联方式。并联方式的主要缺点是当换流站需要改变潮流方向时，除了改变换流器的触发角，使原来的整流站（或逆变站）变为逆变站（或整流站）以外，还必须将换流器直流侧两个端子的接线倒换过来接入直流网络才能实现。因此，并联方式对潮流变化频繁的换流站是很不方便的。

多端直流输电系统比采用多个两端直流输电系统要经济，但其控制保护系统以及运行操作较复杂。今后随着具有关断能力的换流阀（如 IGBT、IGCT 等）的应用以及在实际工程中对控制保护系统的改进和完善，采用多端直流输电的工程将会更多。

2.1.2　高压直流输电的特点

直流输电的主要特点与其两端需要换流以及输送的是直流电这两个基本点有关。直流输电的发展与换流技术的发展，特别是大功率电力电子技术的发展有着密切的关系。目前绝大多数直流输电工程均采用晶闸管换流，今后随着新型电力电子器件（如 IGBT、IGCT、碳化硅器件等）在直流输电中的应用，将会明显的改善直流输电的运行性能。基于晶闸管换流的情况，直流输电有以下主要特点。

1. 直流输电结构简单

直流输电架空线路只需正负两极导线，杆塔结构简单，线路走廊窄，造价低，损耗小。直流线路的输送能力强，一回±500kV的直流线路可输送3000～3500MW，±800kV则可输送4800～6400MW；直流线路无电容电流，沿线的电压分布均匀，不需装高并联电抗器。

2. 直流输电比较适合远距离跨海和地下电缆送电

直流电缆线路耐压高、输送容量大、输电密度高、损耗小、寿命长，且输送距离不受电容电流的限制。远距离跨海送电和地下电缆送电大多采用直流电缆线路。

3. 直流输电有利于远距离输电

直流输电两端的交流系统无需同步运行，其输送容量由换流阀电流允许值决定，输送容量和距离不受两端的交流系统同步运行的限制，有利于远距离大容量输电。

4. 直流输电便于电网的控制、运行和管理

采用直流输电实现电力系统非同步联网，不增加被联电网的短路容量，不需要因短路容量问题而更换被联电网的断路器以及对电缆采取限流措施；被联电网可以是额定频率不同（50Hz和60Hz），或额定频率相同但非同步运行的电网；被联电网可保持各自的频率和电压而独立运行，不受联网的影响；被联电网之间交换的功率可方便快速地进行控制，有利于运行和管理。

5. 直流输电可以提高线路的输送能力

直流输电输送的有功和换流器吸收的无功均可方便快速也控制，可利用这种快速控制改善交流系统的运行性能。对于交直流并联输电系统，可以利用直流的快速控制以阻尼交流系统的低频振荡，提高与其并联的交流线路的输送能力。

6. 直流输电提高了输电系统的可靠性

直流输电可利用大地（或海水）为回路，省去一极的导线，同时大地电阻率低、损耗小。对于双极直流系统，大地回路通常作为备用线，当一极故障时，可自动转为单极方式运行，提高了输电系统的可靠性。

7. 直流输电便于分期建设和增容扩建

直流输电可方便地进行分期建设和增容扩建，有利于发挥投资效益。

8. 直流输电比交流输电设备多、结构复杂、造价及运行费用高

直流输电换流站比交流变电站的设备多、结构复杂、造价高、损耗大、运行费用高、可靠性也相应降低。换流站造价比同等规模交流变电站要高出数倍。

9. 直流输电的换流站占地面积大，造价和运行费用高

换流器运行时在交流侧和直流侧产生一系列的谐波，为降低谐振波的影响，在两侧需分别装设交流滤波器和直流滤波器，使得换流站的占地面积、造价和运行费用均大幅度提高。

10. 直流输电需吸收的无功多

晶闸管换流阀组成的电网相换流器将吸收大量的无功，除交流滤波器提供的无功外，有些还需装设静电电容器、调相机或静止无功补偿器。

11. 直流输电灭弧问题难以解决

直流断路器没有电流过零点可自用，灭弧问题难以解决，给直流输电中间抽能带来困难，并且使多端直流输电工程发展缓慢。

12. 直流输电接地比较复杂

直流输电利用大地（或海水）为回路将带来接地极附近地下金属构件、管道等埋设物的电腐蚀、直流电流通过中性点接地变压器使变压器饱和，以及对通信系统和航海磁罗盘的干扰等问题。当地表面电阻率很高时，接地极值的选择比较困难。

2.2 直流输电中的换流技术

2.2.1 换流器的结构

换流器是直流输电系统中的关键设备，它的作用是把交流电变换成直流电（称为整流），或者把直流电变换成交流电（称为逆变）。通常用来换流的设备有6脉动换流器和12脉动换流器，12脉动换流器由两个6脉动换流器串联而成。

1. 换流器分类

按照触发原理的不同，换流器可分为LTT(Light Trigger Thyristor)换流器和ETT(Electric Trigger Thyristor)换流器。

(1) LTT换流器。由光触发晶闸管LTT组成的换流单元称为LTT换流器。光触发晶闸管的工作原理是在晶闸管门极区周围有一个小光敏区，当一定波长的光被光敏区吸收后，在硅片的耗尽层内吸收光能而产生电子空穴对，形成注入电流使晶闸管元件触发。这种触发方式与电触发方式相比，省去了控制单元的光电转换、放大环节及电源回路，简化了阀的辅助元件，改善了阀的触发特性。目前，光触发晶闸管换流器已在我国灵宝背靠背换流站以及贵广直流输电工程中得到应用。

(2) ETT换流器。由电触发晶闸管ETT组成的换流单元称为ETT换流器。电触发晶闸管工作原理是将阀控系统来的触发信号化为光信号，由缆将光信号传送到每个晶闸管级，在门极控制单元把光信号再次转换成电信号，经放大后触发晶闸管元件。这种触发方式利用了光电器件和光纤的优良特性，实现了触发脉冲发生装置和换流阀之间低电位和高电位的隔离，同时也避免了电磁干扰，减小了各元件触发脉冲的传递时差，使均压阻尼回路简化和小型化，同时还可使能耗减小、造价降低，是当今直流输电工程的主流。目前，电触发晶闸管换流器在我国大多数直流输电工程（三常、三广、三沪等直流工程）中得到了非常广泛的应用。

2. 换流器组成元件

晶闸管换流阀是由晶闸管元件及其相应的电子电路、阻尼回路以及组装成阀组件（或阀层）所需的阳极电抗器、均压元件等通过某种形式的电气连接组装而成的换流桥臂。6脉动换流器由三相桥式电路中的6个换流桥臂组成，每相由两个桥臂组成。12

脉动换流器则由两个6脉动换流桥臂串联而成。其中晶闸管换流阀是直流输电工程的“心脏”，是换流器最基本的组成单元。

（1）晶闸管及晶闸管级（Thyristor Level）。晶闸管是组成晶闸阀的关键元件，在高压直流输电中使用晶闸管芯片直径已达到125mm，反向非重复阻断电压已高于8kV。除了光电转换触发晶闸管外，光直接发晶闸管也应用到直流输电工程中（如贵广、灵宝背靠背工程）。电触发晶闸管级由晶闸管元件及其所需的触发、保护及监视用的电子回路和阻尼回路构成。

（2）阀组件。串联连接的若干个晶闸管级与阳极电抗器串联后再并联上均压电容元件构成了阀组件。

（3）单阀。若干个阀组件串联连接组成一个单阀，它构成了6脉动换流器的一个臂，称阀臂（单阀）。

2.2.2 6脉动整流器工作原理

6脉动整流器原理接线如图2.6所示。图2.7给出其正常工作时，整流器主要各点的电压和电流波形。6脉动整流器通过6个换流阀的按序通断将交流电压变为直流电压。

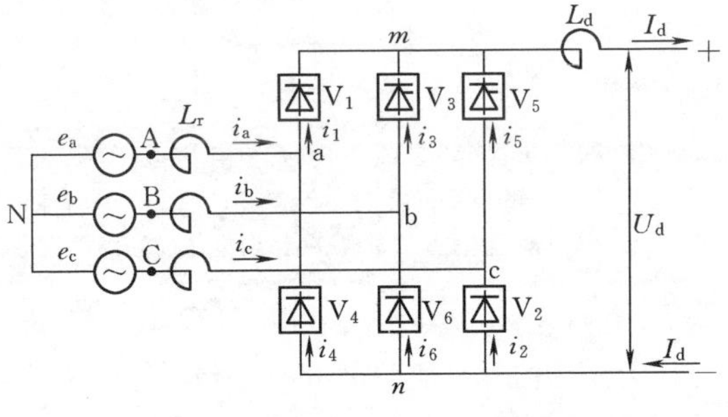

图2.6 6脉动整流器原理接线图

图2.7中，e_a、e_b、e_c为等值交流系统的工频基波正弦相电动势，L_r为每相的等值换相电抗，L_d为平波电抗值。等值交流系统的线电压为u_{ac}、u_{bc}、u_{ba}；u_{ca}、u_{cb}、u_{ab}为换流阀的换相电压。规定换相电压由负变正的过零点为换流阀触发角计时的零

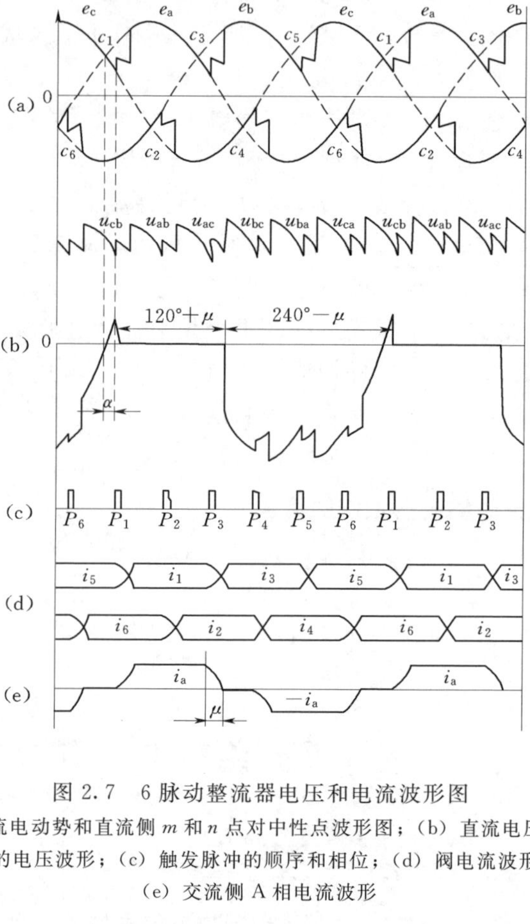

图 2.7　6 脉动整流器电压和电流波形图

(a) 交流电动势和直流侧 m 和 n 点对中性点波形图；(b) 直流电压和 V_1 上的电压波形；(c) 触发脉冲的顺序和相位；(d) 阀电流波形；(e) 交流侧 A 相电流波形

点。$V_1 \sim V_6$ 为组成 6 脉动换流器的 6 个换流阀的代号。数字 1～6 为换流阀的导通序号。在理想条件下，认为三相交流系统是对称的，换流阀的触发脉冲是等距的，触发角用 α 来表示。6 脉动整流器触发脉冲之间的间距为 60°（电角度）。

在阀上的电压为正半波（$\alpha=0\sim180°$）的区间内，所加触发脉冲的时刻（α 时刻）即为阀的导通时刻。换流阀的关断是利用换流变压器阀侧的两相短路电流实现的。以 V_1 向 V_3 换相为例说明换相的过程：当 V_3 导通时，换流变压器的 u 相和 v 相通过 V_1 和 V_3 形成两相短路，此时 V_3 中的电流为两相短路电流，从零开始升高，在 V_1 中由于两相短路电流的方向与原 V_1 中的电流方向相反，流经它的电流为两相短路电流与原电流之差值，当两相短路电流等于原电流时，流经它的电流为零，V_1 则关断，此时 V_3 则流过全部直流电流，换相过程结束。换相所需的时间用换相角 μ 表示。

2.2.3 6 脉动逆变器工作原理

逆变器是将直流电转换为交流电的换流器。直流输电工程所用的逆变器目前大部分均为有源逆变器，它要求逆变器所接的交流系统提供换相电压和电流，即受端交流系统必须有交流电源。本书所分析的也是这种有源逆变器。图 2.8 和图 2.9 分别给出 6 脉动逆变器的原理接线以及 6 脉动逆变器的电压和电流波形图。

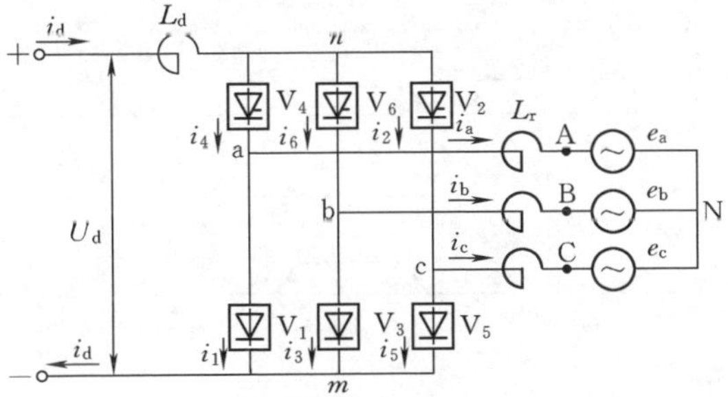

图 2.8　6 脉动逆变器原理接线图

与整流器一样，逆变器也是由 6 个换流阀所组成的三相桥式接线。逆变器的 6 个阀 $V_1 \sim V_6$，也是按同整流器一样的顺序，借助于换流变压器阀侧绕组的两相短路电流进行换相。6 个阀规律性的通断，在一个工频周期内，分别在共阳极组和共阴极组的 3 个阀中，将流入逆变器的直流电流，交替的分成 3 段，分别送入换流变压器的三相绕级，使直流电转变为交流电。由于逆变器是直流输电的受端负荷，它要求直流侧输出的电压为负值。当忽

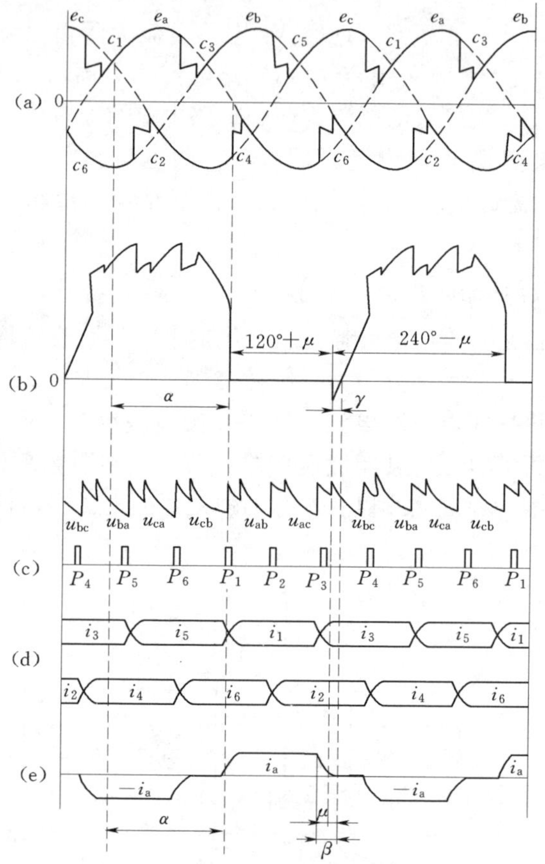

图 2.9　6 脉动逆变器电压和电流波形图

(a) 交流电动势和直流侧 m 和 n 点对中性点波形图；(b) 直流电压和阀 V_1 上的电压波形；(c) 触发脉冲的顺序和相位；(d) 阀电流波形；(e) 交流侧 a 相波形

略换流器内部压降时，在 $\alpha>90°$ 时，直流输出电压为负值。根据换流阀导通条件的要求，换流阀只在 $0°<\alpha<180°$ 的范围内才具有导通条件，因此时其阳极对阴极的电压为正。在此区间内，当 $\alpha<90°$ 时，直流输出电压为正值，换流器工作在整流工况；$\alpha=$

90°，直流输出电压为零，称为零功率工况；当 $\alpha > 90°$时，直流输出电压为负值，换流器则工作在逆变工况。因此，逆变器的触发角 α 比整流器的滞后很多。在实际运行中，由于有换相电抗的存在，换相有一个过程，换流器有内部压降，准确地讲，直流输出电压为零不是当 $\alpha = 90$ 时°，而是在 $\alpha = 90° - \mu/2$ 时。因此，实际上整流工况变为逆变工况的 α 角比 90°小。

2.2.4　12 脉动换流器

12 脉动换流器是由两个 6 脉动换流器在直流侧串联而成，其交流侧通过换流变压器的网侧绕组而并联。换流变压器的阀则绕组一个为星形接线，而另一个为三角形接线，从而使两个 6 脉动换流器的交流侧得到相位相差 30°的换相电压。12 脉动换流器可以采有用两组双绕的换流变压器，也可以采用一组三绕组的换流变压器。

12 脉动换流器由 $V_1 \sim V_{12}$ 共 12 个换流阀所组成，在每一个工频周期内有 12 个换流阀轮流导通。它需要 12 个与交流系统同步的按序触发脉冲。脉冲之间的间距为 30°（电角度）。12 脉动换流器的工作原理与 6 脉动换流器相同，它也是利用交流系统的两相短路电流来进行换相。

12 脉动换流器的优点之一是其直流电压质量好，所含的谐波成分少。

2.3　直流输电的应用和工程类型

直流输电的应用有两种情况：一是采用交流输电在技术上有困难或不可能，只能采用直流输电的情况，如不同频率（如 50Hz、60Hz）电网之间的联网或向不同电压等级的电网送电，因稳定问题采用交流输电难以实现，远距离电缆送电，采用交流电缆因电容电流太大无法实现等；二是技术上采用交、直流输电方法均能实现，但采用直流输电比交流输电具有更好的经济性，对于这种情况则需要对工程的输电方案进行全面的比较和论证，最后根据比较结果决定。直流输电应用及工程类型有以下几个方面。

2.3.1　远距离大容量输电

远距离大容量输电采用交流还是直流，取决于经济性能的比较。直流输电线路的造价和运行费用均比交流输电低，但换流站的造价和运行费用均比交流变电站的高。因此，对同样的输送容量，只有当输送距离达到某一长度时，换流站多花费的费用才能被直流线路节省的费用所补偿，这个输电距离称为交、直流输电的等价距离，如图 2.10 所示。对于一定的输送功率，当输电距离大于等价距离时，采用直流输电比较经济。等价距离与交流输电和直流输电的造价、交流变电站和直流变电站的造价、交流变电站和直流换流站的造价、交流输电和直流输电系统损耗运行费用、损耗的电能价格等经济指标有关。对于不同的国家和地区，上述经济指标各不相同，因此，不可能有一个相同的等价距离。根据国际大电网的统计，当架空线路输送功率为 540～2160MW 时，等价距离约为 640～960km，而电缆线路约为 20～40km。随着科学技术的进步，换流设备的造价会有一定的降低，从而使交、直流输电的等价距离会进一步缩短，如国外双极 ±400kV 直流输电线路的等价距离，已由 1973 年的 750～800km 下降

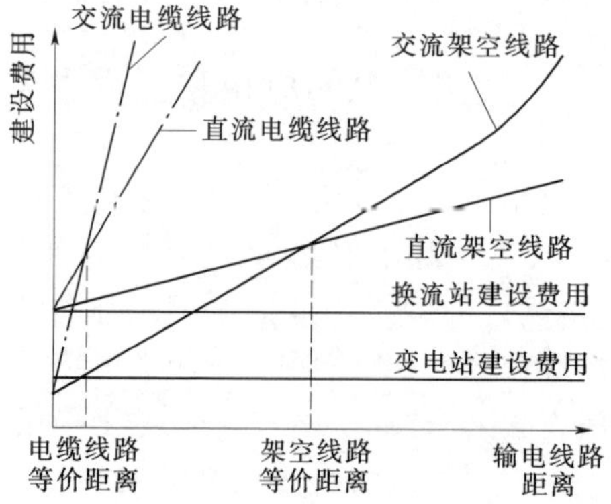

图 2.10　直流、交流输电的建设费用与输电线路长度的关系

至500km。

已经运行和正在建设的直流输电工程中，远距离大容量直流输电工程约占1/3，此类工程大多是解决大型水电站或火电站向复合中心输送电能。如：

（1）±800kV云南—广东直流输电工程，额定容量5000MW，输电距离1400km。

（2）±800kV向家坝—上海直流输电工程，额定容量6400MW，输电距离2133km。

（3）溪洛渡右—浙西±800kV直流输电工程（1751km）。

（4）锦屏（西昌）—苏南±800kV直流输电工程（2305km）。

2.3.2 电力系统联网

采用直流输电联网，可以充分发挥联网效益，避免交流联网所存在的问题。直流联网的主要优点如下：

（1）直流联网不要求被联的交流电网同步运行，被联电网可用各自的频率异步独立运行，可保持各个电网自己的电能质量（如频率、电压）而不受联网的影响。

（2）被联电网间交换的功率可以用直流输电的控制系统进行快速、方便的控制，而不受被联电网运行条件的影响，便于经营和管理。交流联网时，联络线的功率受两端电网运行情况的影响而很难进行控制。

（3）联网后不增加被联电网的短路容量，不需要考虑因短路容量的增加、断路器因遮断容量不够而需要更换或采用限流措施等问题。

（4）可以方便地利用直流输电的快速控制来改善交流电网的运行性能，减少故障时两电网的相互影响，提高电网运行的稳定性，降低大电网大面积停电的概率，提高大电网运行的可靠性。

已经运行和正在建设的直流工程中，直流联网工程有两种类型：一是远距离大容量直流输电同时实现联网；二是背靠背直流联网。我国第一个背靠背直流联网工程是灵宝线，实现西北与华中电网的互联。灵宝背靠背直流工程，单极120kV，输送功率360MW等；高岭背靠背直流工程，双极±125kV，输送功率1500MW等。

2.3.3　直流电缆送电

采用相同的电压，输送相同的功率，直流电缆的费用比交流电缆要节省得多。直流电缆没有电容电流，输送容量不受距离的限制，而交流电缆由于电容电流很大，其输送距离将受到限制。电缆长度超过40 km时，采用直流输电无论是经济上还是技术上都较为合理。因此，远距离大容量跨海峡的海底电缆送电大部分采用直流电缆。

大部分跨海峡的输电工程都采用直流输电，如瑞典—德国的波罗的海直流工程，海底电缆250 km，架空线路12 km，单极459 kV，输送功率600MW；日本纪伊直流工程，海底电缆51 km，架空线路51 km，双极±500kV，输送功率2800 MW；中国舟山直流工程和嵊泗直流工程等。

2.3.4　向大城市输送的直流地下电缆

采用直流地下电缆比交流电缆有明显的优点，如英国伦敦的金斯诺斯直流工程，地下电缆长82 km，电压±266kV，输送电力640MW。随着轻型直流输电和新型聚合物直流地下电缆的应用，此类工程的造价将逐渐降低，并将进一步得到应用和发展。

2.3.5　轻型直流输电

轻型直流输电是20世纪90年代开始发展的一种新型直流输电技术。它采用脉宽调制（PWM）技术，应用绝缘栅双极晶体管（IGBT）组成的电压源换流器进行换流。由于这种换流器的功能强、体积小，可减少换流站的设备、简化换流站的结构，称为轻型直流输电。它主要应用于向孤立的远方小负荷区供电、小型水电站或风力发电站与主干电网的连接、小型背靠背换流站以及输送功率较小的配电网络。轻型直流输电的建设周期短，换流器的控制性能好，在配电网络中有较好的竞争力。目前，在瑞典、丹麦、澳大利亚、美国、墨西哥共建有5个轻型直流输电工程。

2.4 特高压直流输电设备

2.4.1 特高压换流变压器

换流变压器（Converter Transformer）是接在换流桥与交流系统之间的电力变压器。采用换流变压器实现换流桥与交流母线的连接，并为换流桥提供一个中性点不接地的三相换相电压。换流变压器一次侧绕组接到交流系统，称为网侧绕组；二次侧绕组接到换流阀，称为阀侧绕组。换流变压器与换流桥是构成换流单元的主体，图2.11所示为单相双绕组换流变压器外形图。

图2.11 单相双绕组换流变压器外形图

换流变压器在直流输电系统中的作用有：

（1）传送电力。

（2）把交流系统电压变换到换流器所需的换相电压。

（3）利用变压器绕组的不同接法，为串接的两个换流器提供两组幅值相等、相位相差30°（基波电角度）的三相对称的换相电压以实现12脉动换流。

（4）将直流部分与交流系统相互绝缘隔离，以免交流系统中性点接地和直流部分中性点接地造成直接短接，使得换相无法进行。

（5）换流变压器的漏抗可起到限制故障电流的作用。

（6）对沿着交流线路侵入到换流站的雷电冲击过电压波起缓冲抑制的作用。

在整流站，用换流变压器将交流系统和直流系统隔离，通过换流装置将交流网络的电能转换为高压直流电能，利用高压直流输电线路传输；在逆变站，通过换流装置将直流电能转换为交流电能，再通过换流变压器送到交流电网，从而实现交流输电网络与高压直流输电网络的联络。换流变压器提供相位差为30°的12脉动交流电压，以降低交流侧谐波电流，特别是5次和7次谐波电流；作为交流系统和直流系统的电气隔离，削弱侵入直流系统的交流侧过电压；通过换流变压器的阻抗限制直流系统的短路电流进入交流系统；通过换流变压器可以实现直流电压较大幅度的分挡调节。

与普通电力变压器相比，由于运行条件不同，换流变压器具有以下特性。

1. 存在直流偏磁问题

直流偏磁不仅导致铁芯周期性的饱和，并发出低频噪声，而且也将使得变压器的损耗和温升大幅增加。

2. 需要更高的绝缘裕度

换流变压器在运行中既要承受交流电应力的作用，又要承受较大分量的直流电应力的作用，要求变压器绝缘尤其是阀侧绝缘对运行中的工作场强有足够的耐受裕度，其绝缘问题非常突出。换流变压器在运行中的绝缘事故在全部事故所占比例为50%左右。

3. 大范围有载调压能力

当换流变压器桥臂短路时，为了限制过大的短路电流损坏换流阀，换流变压器应具有足够大的短路阻抗，即具有较大的漏电抗。同时，为满足阀侧电压随负载变化而经常变化的要求，换流变压器还具有大范围的有载调压能力，使得其有载分接头挡位远多于普通电力变压器。

4. 谐波问题

换流变压器在运行中会流过特征谐波和非特征谐波电流，这些谐波作用于变压器漏磁使得变压器杂散损耗增大，有时还会使一些金属部件和油箱产生局部过热。数值较大的谐波磁通会引起磁滞伸缩噪音，且处于声觉敏感频段，必须采取有效的隔音手段。

5. 设计复杂

由于系统有降压运行的要求，网侧分接范围大（30%左右），级数多。并且运行方式的多样性，增加了换流变压器设计的复杂性。

6. 阀侧套管采用干式套管

在结构上由于阀侧套管要深入到阀厅中，为了防止换流变发生事故时殃及到阀体，所以阀侧套管采用干式套管。

7. 换流变压器的故障诊断

换流变压器中最常见的故障多见于线圈绝缘损坏、油纸绝缘强度降低、分接头变换器、套管以及冷却系统（泵）故障，换流变压器的故障率大约是交流变压器的两倍。对于特高压变压器而言，需要关注的是阀绕组与接地—交流绕组之间的主直流绝缘结构。目前采用的某些在线检测系统虽然能够避免发生一些可能发生的故障，但由于该系统的设计还不够成熟，不能尽早地检测出可能发生的灾难性损坏并采取纠正措施。对于首次研制的特高压换流变压器，其设计和生产可靠性必须依靠模拟试验验证，同时，这些试验结果也是设备运行后故障诊断的基础。

直流电压的极性可能迅速反转，这些问题使得它的内绝缘电位分布与普通电力变压器有很大的差别。在不同绝缘材料电压分配中，对于交流电压、暂态冲击过电压以及直流电压将做不同的考虑。交流电压的分配取决于材料的介电常数比率，直流电压的分布取决于各种材料电阻率的比率。换流变压器内绝缘大多采用变压器油、纸、压板等纤维素固体材料。它们的介电常数之比不超过1∶3。但材料电阻率的大小受很多外部因素影响，比如温度、湿度、场强、时间、老化等，其电阻率之比可能超 1：1000。因此，由于这些因素的影响使得换流变压器在直流电场作用下绝缘中的电位分布与交流有很大差异。

2.4.2　高压直流换流阀

换流器（Converter Valve）是实现可控或不可控单向导电的设备。在换流桥中，实现换流臂的功能。换流阀是直流输电工程的核心设备，其功能是实现整流和逆变。目前，换流器多数采用晶闸管组成三相桥式整流器作为基本单元，称为换流桥。一般由两个或多个换流桥组成换流系统，实现交流变直流、直流变交流的功能，图 2.12 所示为换流阀阀塔外形图。

图 2.12　换流阀阀塔

为了实现电流形态的转换，换流阀必须采用非线性器件，其电阻阻值会随着电流的方向不同而发生很大的变化。对于直流换流阀，其电流的方向只能通过一个方向，称之为正方向，这时换流阀的正向导通电阻很小；而在反方向，电流根本不能导通，其反向电阻可以认为是无穷大。

为了提高换流阀的耐压水平，换流阀通常由许多晶闸管串联而成。换流阀的特性与晶闸管相同，导通条件也一样。晶闸管在控制极不施加触发脉冲时，换流阀具有正、反向阻断能力；而当在晶闸管控制极施加触发脉冲后，换流阀就可以正向导通，一但导通后，无论触发脉冲是否存在，只要晶闸管两端电压为正向，它就保持导通，直到晶闸管两端加压反向才能关断。由于换流阀由许多晶闸管串联组成，一个换流阀的导通则意味着该换流阀中所有的晶闸管元件都导通。如果换流阀中有一个晶闸管不能按时触发开通，则串联连接支路中的未触发导通的晶闸管将由于承受较大过电压而被击穿损坏。因此工程中实际运行的直流换流阀除了必须满足晶闸管元件运行所需的基本要求之外，还需必要的均压、控制、保护以及散热等诸方面的技术措施作为其安全可靠运行的基础。

2.4.3 平波电抗器

平波电抗器（Smoothing Reactor）也称直流电抗器，用于整流以后的直流回路中。整流电路的脉波数总是有限的，在输出的整直电压中总是有纹波，这种纹波往往是有害的，需要由平波电抗器加以抑制。直流输电的换流站都装有平波电抗器，使输出的直流接近于理想直流。

1. 平波电抗器的主要作用

(1) 在直流系统发生扰动或事故时，抑制直流电流的上升速度，以避免事故扩大。

(2) 当逆变器发生故障时，可避免引发换相失败。

(3) 在交流电压下降时，可减少逆变器换相失败的概率。

(4) 当直流线路短路时，可在调节器的配合下，限制短路电流的峰值。

(5) 可同直流滤波器一起极大地抑制和削减换流过程中产生的谐波电压和谐波电流，从而大大地削弱直流线路沿线对通信的干扰。

(6) 在直流低负荷时，避免因电流发生间断而导致换流变压器等电感元件产生很高的过电压。

(7) 限制线路和装在线路端的容性设备过换流阀的放电电流。

按结构形式分，平波电抗器可分为干式平波电抗器和油浸式平波电抗器两种，图2.13、图2.14所示分别为干式平波电抗器和油浸式平波电抗器实物图。

图2.13 干式平波电抗器实物图

图2.14 油浸式平波电抗器实物图

2. 平波电抗器的基本结构

（1）油浸式平波电抗器。油浸式平波电抗器的结构与变压器相似，主要由线圈、铁芯和油箱、套管、冷却系统等部件组成。油浸式平波电抗器因构造上有铁芯，其负荷电流与磁性呈非线性关系。

（2）干式平波电抗器。干式平波电抗器主要由线圈、支架、绝缘支柱、均压环、底座等组成。线圈由多层同心压缩铝线包组成，每层线包均浇注环氧树脂绝缘，层间垫有隔条，用于保证层间绝缘和散热。每层线圈通过垂直紧固件固定牢靠，以确保线圈震动时不变形。由于干式平波电抗器无铁芯，负荷电流与磁性呈线性关系。

3. 平波电抗器的性能特点

（1）平波电抗器的优点。

1）油浸式平波电抗器优点。油浸式平波电抗器由于有铁芯，因此要增加单台电感量较容易；油浸式平波电抗器的油纸绝缘系统很成熟，运行也很可靠；油浸式平波电抗器安装在地面上，因此重心低，抗震性能好；油浸式平波电抗器采用干式套管穿入阀厅，取代了水平穿墙套管，解决了水平穿墙套管的不均匀湿闪问题；油浸式平波电抗器的垂直套管也采用干式套管，使其发生污闪的概率降低。

2）干式平波电抗器优点。对地绝缘简单，干式平波电抗器的绝缘主要由支柱绝缘子提供，提高了主绝缘的可靠性。无油，消除了火灾危害和环境影响。干式平波电抗器无油绝缘系统，因而没有火灾危险和环境影响，在阀厅和户外之间也不需要装设防护墙，潮流翻转时无临界质场强，高压直流翻转需要改变电压极性，会应捕获电荷的原因在油纸复合绝缘系统中产生临界场强；但对于干式平波电抗器来说，改变电压极性仅在支柱绝缘子上产生应力，没有临界场强的限制，这样干式平波电抗器的支柱绝缘子与其他母线支柱绝缘子的特性相似。负荷电流与磁链呈线性关系。由于干式平波电抗器没有铁芯，因而在故障情况下不会出现磁链饱和现象，在任何情况下都保持同样的电感值，暂态过电压较低。因干式平波电抗器对地电容较低，所以对平抗的冲击绝缘水平要求也较低，可听噪声低，质量轻，易于运输和处理，运行、维护费用低。干式平波电抗器基本上是免维护的。

（2）平波电抗器的缺点。

1）油浸式平波电抗器缺点。内部绝缘复杂，主要靠油纸绝缘，容易着火并引起火灾。噪声较大，重量较大，运输较为困难。运行、维护费用较高。

2）干式平波电抗器缺点。重心较高，防震性能较差，占地面积较多。内部无铁芯，要增加单台电感量和提高过负荷能力较困难。本身不带穿墙套管，与换流器之间需要安装穿墙套管，增大了穿墙套管湿闪、污闪的概率；对环境污秽较敏感。对发热点和红外测温较为困难。由于干式平波电抗器外部装有噪声罩，对其内部线圈发热点测量较为困难、误差较大。

2.4.4 高压直流避雷器

换流站避雷器是安装在换流站内作为各种电气设备过电压保

护用的非线性限压装置。由于避雷器的额定值和保护特性决定着被保护设备的绝缘水平，所以避雷器是换流站绝缘配合的基础。按照作用在避雷器上长期工作电压性质的不同，换流站避雷器可分为交流避雷器和直流避雷器两大类。高压直流避雷器是限制过电压的保护设备，它对于整个系统设备安全运行起决定性作用。

高压直流避雷器外套结构有开放式、瓷外套和复合外套三种类型。开放式避雷器受外部环境影响很大，一般用于换流阀厅内；瓷外套和复合外套避雷器户内外都可以使用。特高压直流避雷器主要包括直流线路避雷器、直流极母线避雷器、换流器避雷器、中性母线避雷器、直流阀避雷器、平波电搞器避雷器、桥避雷器、换流变压器阀侧避雷器等。

换流站避雷器配置避雷器在换流站内配置方式尚未完全标准化。如图 2.15 所示为一种采用每极一个 12 脉动换流器的晶闸管换流站避雷器配置方案，图 2.15 中各避雷器的名称及其主要的保护对象见表 2.1。

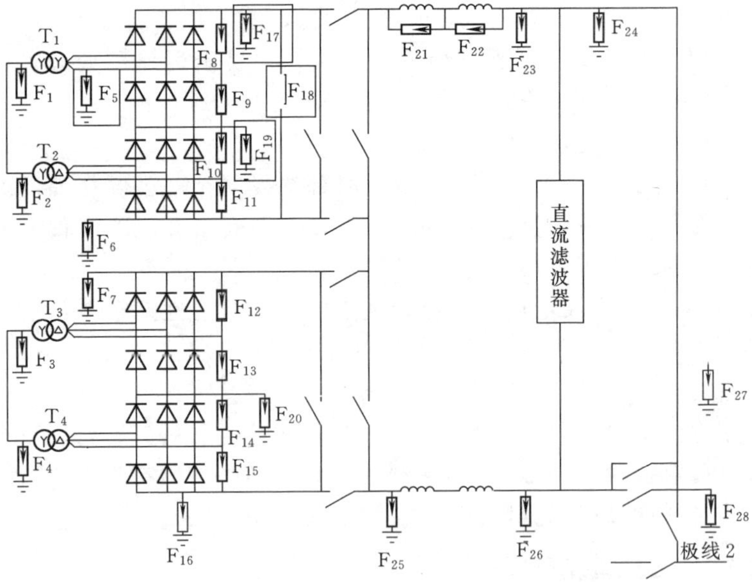

图 2.15 直流输电工程换流站内避雷器典型配置图

表 2.1　　高压直流避雷器种类及作用

序号	避雷器名称	作　用
1	直流阀避雷器（F_8～F_{15}）	保护阀免受过电压损坏
2	桥避雷器（F_{19}、F_{20}）	保护 12 脉动换流器下部 6 脉动换流器免受过电压的损坏
3	直流线路避雷器（F_{23}、F_{24}）	保护与直流极线相连的直流开关场的设备免受过电压的损坏
4	直流母线避雷器（F_{17}）	保护平波电抗器换流器侧高压直流极线上连接的设备免受过电压的损坏
5	换流器避雷器（F_{18}）	限制侵入到阀厅的雷电过电压幅值
6	中性点母线避雷器（F_{16}、F_{25}～F_{28}）	保护中性母线和其他连接的设备免受过电压的损坏
7	平波电抗器避雷器（F_{21}、F_{22}）	保护平波电抗器免受过电压的损坏
8	上、下 12 脉动换流器间中点母线避雷器（F_6、F_7）	保护上、下两个换流器之间的母线
9	换流变压器阀侧避雷器（F_5）	用于抑制换流变压器与晶闸管阀相连接的位置出现施加在套管和引线及绕组上的过电压

2.4.5　高压套管

套管（Bushing）供一个或几个导体穿过诸如墙壁或箱体等隔断，起绝缘和支持作用的器件。

1. 高压套管的特点

（1）既有内绝缘，也有外绝缘。

（2）电场复杂。

（3）结构和尺寸要求严格。在实际设计中，主要解决导体发热介质损耗、热击和密封等复杂问题。

2. 高压套管的分类

高压套管可以分为四类：①油纸电容型套管；②胶纸电容型套管；③胶纸型套管；④SF_6 套管。

2.4.6 直流滤波器（DC Filter）

直流滤波器与直流电抗器和直流冲击电容器配合，主要用于降低高压直流输电线路上和/或接地极线路上的电流或电压波动的滤波器。图 2.16 所示为直流滤波器实物图。

图 2.16 直流滤波器实物图

滤波器的功能就是允许某一部分频率的信号顺利通过，而另外一部分频率的信号则受到较大的抑制，它实质上是一个选频电路。直流谐波滤波器为无源滤波器，仅由无源元件（R、L 和 C）组成，它是利用电容器和电感元件的电抗随频率的变化而变化的原理构成的。

2.5 直流输电的接地问题

接地极及其线路是直流输电系统中的一个重要组成部分。在双极运行时，地中无电流，接地极起钳制换流器中性点电位的作用，在双极不对称方式和单极大地回线方式运行时，不但起着钳制换流器中性点电位的作用，而且还为直流电流提供通路。当接地极通过电流时，会对周围环境产生影响。

2.5.1 接地极的电流对环境的影响

直流电流持续、长时间地流过接地极会产生电磁效应、热效应和电化效应，对环境产生影响。

1. 电磁效应

当强大的直流电流经接地极注入大地时，在极址土壤中形成一个恒定的直流电流场，并伴随着出现大地电位升高，对极址附近以及电流通道上的设施（包括地下设施）和人畜的安全带来影响。

2. 热效应

接地极在通过直流电流时，电极温度将升高。当温度升高到一定程度时，土壤中的水分可能被蒸发掉，土壤的导电性能将会变差，电极将出现热不稳定，严重时将可使土壤烧结成几乎不导电的玻璃状体，电极将丧失运行功能。影响电极温升的主要土壤参数有土壤电阻率、热导率、热容率和湿度等。因此，对于陆地（含海岸）电极，希望极址土壤有良好的导电和导热性能，有较大的热容系数和足够的湿度，这样才能保证接地极在运行中有良好的热稳定性能。

3. 电化效应

众所周知，当直流电流通过电解液时，在电极上便产生氧化还原反应，电解液中的正离子移向阴极，在阴极与电子结合而进行还原反应；负离子移向阳极，在阳极给出电子而进行氧化反应。大地中的水和盐类物质相当于电解液，当直流电流通过大地返回时，在阳极上产生氧化反应，使电极发生电腐蚀。电腐蚀不仅仅发生在电极上，也同样发生在埋在极址附近的地下金属设施和电力系统接地网上。此外，在电场的作用下，靠近电极附近土壤中的盐类物质可能被电解，形成自由离子。譬如在沿海地区，土壤中含有丰富的钠盐（NaCl），可以电解成钠离子和氯离子。这些自由离子在一定的程度上将影响到电极的运行性能。

2.5.2 对极址的要求

为减小和避免接地极对环境的影响，极址一般应具备以下条件。

1. 极址离换流站的距离

极址离换流站要有一定距离，但不宜过远，通常在10～50km之间。如果距离过近，则换流站接地网将通过较多的地电流，影响电网设备的安全运行和腐蚀接地网。如果距离过远，则会增大线路投资和造成换流站中性点电位过高。此外，极址对220kV及以上电压等级的交流变电站直线距离不应小于10km。

2. 接地极址的选择

接地极址宜选择在远离城市和人口稠密的乡镇，交通方便，没有洪水冲刷和淹没，接地极线路应在走线方便的空旷地带。由于海水电阻率比陆地土壤电阻率低很多，因此在有条件（如换流站与海岸的距离小于50km且海洋环境条件允许）的地方，一般宜优先考虑采用海洋或海岸接地极。

3. 对土壤的要求

有宽阔且导电性能良好（土壤电阻率低）的大地散流区，特别是在极址附近范围内，土壤电阻率应在100Ω·m以下。这对于降低接地极造价，减少地面跨步电压和保证接地极安全稳定运行起着极其重要的作用。

土壤应有足够的水分，即使在大电流长时间运行的情况下，土壤也应保持潮湿。表层（靠近电极）的土壤应有较好的热特性（热导率和热容率高）。接地极尺寸大小往往受到发热控制，因此土壤具有好的热特性，对于减少接地电极的尺寸是很有意义的。

4. 接地极的埋设和走线

接地极埋设处的地面应该平坦，这不但能给施工和运行带来方便，而且对接地极运行性能也带来好处。接地极引线走线方便，造价低廉。

2.5.3 接地极形式及其布置

目前，世界上已投入运行的直流工程接地极可分为两类：一类是陆地电极；另一类是海洋电极。陆地电极和海洋电极由于它们面对的极址条件不同，因而其电极布置方式也不相同。

1. 陆地电极

陆地接地极主要是以土壤中电解液作为导电媒质，其敷设方式分为两种形式：一种是浅埋形，也称沟形，一般为水平埋设；另一种是垂直形，又称井形电极，它是由若干根垂直于地面布置的子电极组成陆地电极馈电棒，一般采用导电性能良好、耐腐蚀、连接容易、无污染的金属或石墨材料，并且周围填充石油焦炭。

2. 海洋电极

海洋电极主要是以海水作为导电媒质。海水的导电性比陆地更好，海水电阻率约为 0.2Ω·m，而陆地则为 10～1000Ω·m，甚至更高。海洋电极在布置方式上又分为海岸电极和海水电极两种。

3. 电极形状

接地极电极形状较典型的有垂直形、星形（直线形）、圆环形（单圆环形、多圆环形和椭圆形）等，如图 2.17 所示。

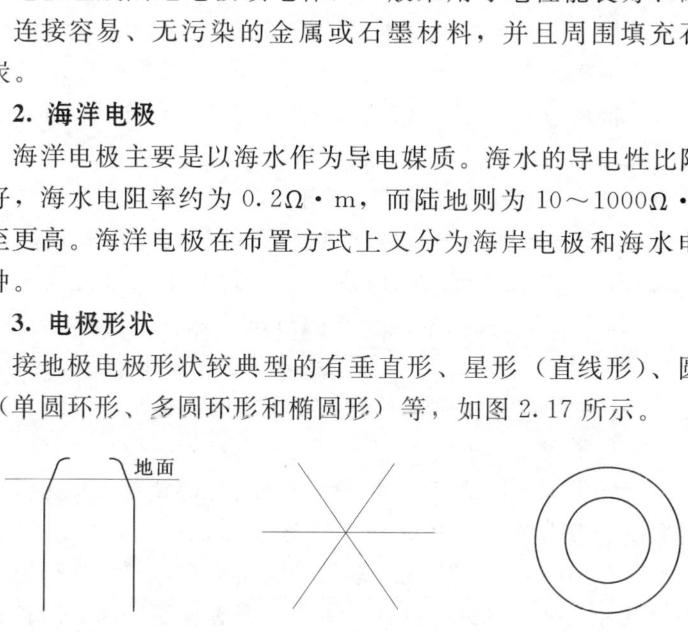

(a)　　(b)　　(c)

图 2.17 典型电极形状示意图

(a) 垂直形；(b) 星形；(c) 圆环形

4. 直流接地极引线

接地极引线是连接换流器中性点与接地极之间的线路。按双极设计的直流系统，在双极运行时只有很小的不平衡电流通过它，线路电压接近于零。以单极大地回线方式运行时，通过的电流为额定电流，其接地极端电压为零，换流器端电压等于接地极引线上的压降，接地极引线一般数十千米，线路压降不超过 10kV。因此，接地极引线属于大电流、低电压的直流输电线路。

(1) 绝缘子片数。由于线路上电压很低,不足10kV,因此就其电气特性而言,仅用1片绝缘子就足够了,但考虑出现零值绝缘子的可能性,线路绝缘子不宜低于2片。

(2) 带电部分与杆塔构件、拉线的最小间隙。在正常情况下,线路电压很低,即使在最大电流的情况下,线路首端电压也仅为几千伏。因此导线对杆塔构件的间隙可以很小,但为了保证带电部位不碰杆塔,在大风条件下按0.1m间隙来考虑。

(3) 接地极引线导线截面。接地极引线在单极运行时,通过接地极线路的最大电流和直流输电线路相同,因此若选用和直流线路相同型号的导线完全能满足要求。

(4) 地线。接地极引线属于低绝缘线路,从35kV线路的运行实践来看,有地线与没有地线两者的跳闸率相差无几,根据DL/T 620—1997《交流电气设备的过电压保护和绝缘配合》规定,35kV及以下的线路,一般不要求沿全线架设地线。然而架设地线后,除引导直击雷入地外,在雷击时还增加了导线的耦合系数,提高了耐雷水平。

(5) 杆塔。当接地极引线采用单导线时,导线布置在杆塔一侧,当接地极引线用多根导线并联运行时,由于各导线间无电压,不存在相间问题。因此,多根导线可合在一起成为分裂导线布置,也可以分开对称布置在杆塔两侧,在使用性能上两种布置是一样的,采用哪一种布置需根据实际情况来决定。

2.6 高压直流输电运行和控制方式

直流输电工程的运行方式是指在运行中可供运行人员进行选择的稳态运行的状态。运行方式与工程的直流侧接线方式、直流功率输送方向、直流电压方式以及直流输电系统的控制方式有关。直流输电工程的运行方式是灵活多样的,运行人员可利用这一特点,根据工程的具体情况以及两端的交流系统的需要,合理地选择运行方式,可以有效地提高运行的可靠性和经济性,使工程发挥更大的作用。

2.6.1 运行接线方式

单极直流输电工程只能单极运行，它有单极大地回线及单极金属回线两种接线方式。这两种接线方式的线路结构不同，在工程设计时必须作出选择。接线方式选定后，在运行中没有采用另一种接线方式的可能性。

双极直流输电工程是由两个单极系统所组成，其接线方式有双极两端中性点接地方式、双极一端中性点接地方式、双极金属中线方式等。在运行中双极直流输电工程可以单极运行，其接线方式可以有多种。下面以大多数工程所采用的双极两端中性点接地方式为例进行说明。

双极两端中性点接地直流输电工程的直流侧接线是由两个可以独立运行的单极大地回线方式所组成，两极在地回路中的电流方向相反，当两极电流相等时，地回路中的电流为零。这种接线方式运行灵活方便、可靠性高。正常运行时，两极的电流相等，地回路中的电流为零；当一极故障停运时，非故障极的电流则自动从大地返回，自动转为单极大地回线方式运行，至少可输送单极的额定功率，必要时可按单极的过负荷能力输送功率。为了降低单极故障停运对两端的交流系统的冲击和影响，通常当单极停运时，非故障极则自动将其输送功率提高到其短期最大允许值，然后可根据具体情况再逐步降低。由于双极两端中性点接地方式在正常运行时地中无电流流过（只有很小的不平衡电流），此类工程对接地极的要求不高。当一极停运后，工程转为单极大地回线方式运行时，地回路中才有大的直流电流流过（最大为单极过负荷电流值）。当接地极不允许长期流过大电流运行时，可带电转为单极金属回线方式运行。此类工程的接地极是根据工程所需要的单极大地回线方式运行时间的长短和运行电流的大小来进行设计的。运行人员在选择单极大地回线方式的运行时间和输送功率时，必须考虑在接地极设计所允许的范围内，否则将会缩短接地极的寿命。

对于双极两端中性点接地的直流输电工程，当一极停运后，可供选择的单极线方式有以下三种，三种接线方式的运行性能和对设备的要求不同。

1. 单极大地回线方式

单极大地回线方式要求非故障极两端换流站的设备和直流输电极线完好，两端接地极系统完好；两端换流站的故障极或直流线路的故障极可以退出工作，进行检修。运行电流的大小和运行时间的长短受单极过负荷能力和接地极设计条件的限制。这种运行方式的线路损耗比双极方式一个极的损耗略大，其直流回路电阻增加了两端接地极引线和接地极的电阻。

2. 单极金属回线方式

单极金属回线方式除要求非故障极两端换流站的设备及直流输电极线完好外，还要求故障极的直流输电极线能达到金属返回线绝缘水平的要求；两端换流站的故障极和接地极系统可以退出工作，进行检修。其运行电流只受单极过负荷能力的限制而与接地极系统无关。运行中的线路损耗约为双极运行时一个极损耗的2倍，其直流回路的电阻约为正、负两极线电阻之和。当接地极系统故障需要检修或进行计划检修时，可选择这种接线方式。一般应尽量避免采取这种方式长期运行，因其线路损耗和运行费用最大。

3. 单极双导线并联大地回线方式

单极双导线并联大地回线方式要求非故障极两端换流的设备完好，两极直流输电线路均完好，两端接地极系统完好；两端换流站的故障极可以退出工作，进行检修。因此，这种接线方式只有当两端换流站只有一个极设备故障，而其余的直流输电系统设备均完好时，才有选择的可能性。其运行电流的大小和运行时间的长短受单极过负荷能力和接地极设计条件的限制。这种接线方式是此类工程单极运行时最经济的接线方式。其线路损耗约为单极运行时一个极损耗的1/2，其直流回路的电阻略大于单极电阻的1/2。

双极两端中性点接地的直流输电工程，当一极故障停运而转为单极运行时，有时需要进行单极大地回线和金属回线方式的相互转换。为了减少直流输电工程停运对两端的交流系统的影响，提高运行的可靠性和可用率，这种接线方式的相互转换可以通过大地回线转换开关（GRTS）和金属回线转换断路器（MRTB），在直流输电不停运的状况下带负荷进行。

2.6.2 全压与降压运行方式

直流输电工程的直流电压，在运行中可以选择全压运行方式（即额定直流电压方式）或降压运行方式。降压运行方式是直流输电工程在恶劣的气候条件或严重污秽的情况下，为了降低输电线路的故障率，提高输电的可靠性和可用率而采用的一种正常运行方式。由于直流输电工程的直流电压可以通过控制系统（改变触发角 α）以及换流变压器的抽头调节快速方便地进行控制，使得降压运行方式很容易实现。降压运行方式的电压水平通常选为额定直流电压的 70％～80％。降压幅值太小，则起不到降压后提高可用率的作用；降压幅度太大，则导致直流输电在大触发角下运行，这将使直流输电的运行条件变坏，同时也将使换流站的造价升高。根据多年来的运行经验，通常降到额定直流电压的 70％～80％为宜，此时的触发角 α 约为 40°～50°。

在运行中对全压运行方式和降压运行方式的选择原则是：能全压运行时则不选择降压运行。因为在输送同样功率的条件下，直流电压的降低则使直流电流按比例相应地增加，这将使输电系统的损耗和运行费用升高。因此，为了使直流输电工程在最经济的状态下运行，其直流电压应尽可能高。其次，在降压方式下，直流输电系统的最大输送功率将降低。直流输送功率是直流电压和直流电流的乘积。当工程设计为降压运行方式的额定电流与全压运行方式相同时，降压运行方式的额定功率降低的幅度与直流电压降低的幅度相同。如果降压运行方式要求相应地降低直流额定电流，直流输送功率则降低得更多。例如，降压运行方式的直流电压选择为额定直流电压的 70％，而额定直流电流不变，则降压运行方式的额定输送功率为全压方式的70%。如果在直流电压降低到70%的情况下，还要求直流电流也相应地降低到其额定值的70%，则此时的直流输送功率公为全压运行方式的49%，即输送功率将降低一半。再者，在降压运行方式下，换流器的触发角α增大，将使换流站的主要设备（换流阀、换流变压器、平波电抗器、交流和直流滤波器等）的运行条件变坏。如果长时间在降压运行方式下大电流运行，换流站主要设备的寿命将会受到影响。

2.6.3　功率正送与功率反送方式

直流输电工程也具有双向送电的功能，它可以正向送电，也可以反向送电。在工程设计时确定某一方向正向送电，另一方向则为反向送电。正在运行的直流输电工程进行功率输送方向的改变称为潮流反转。利用控制系统可以方便地进行潮流反转。直流输电工程的潮流反转有手动潮流反转和自动潮流反转以及正常潮流反转和紧急潮流反转。通常紧急潮流反转均是由控制系统自动地进行，而正常潮流反转可以手动进行也可以自动进行。

由于换流阀的单向导电性，直流回路中的电流方向是不能改变的。因此直流输电的潮流反转不是改变电流方向，而是通过改变电压极性来实现。例如，对于双极直流输电工程，假定正向送电时极1为正极性，极2为负极性；而在反向送电时，则极1为负极性，极2为正极性。对于单极直流输电工程，如正向送电时为正极性，反向送电时则为负极性。

潮流反转需要改变两端换流站的运行工况，将运行于整流状态的整流站变为逆变运行，而运行于逆变状态的逆变站为整流运行。因此，对于具有潮流反转功能的直流输电工程，要求两端换流站的控制保护系统既能满足整流运行的要求，又能满足逆变运行的要求，从而增加了换流站控制保护系统的复杂性，两端换流站的一次设备变化不大。为了满足功率反送时的要求，有时需要扩大换流变压器的抽头调节范围以及修改整流站的无功功率配置。

1. 正常潮流反转

在正常运行时，当两端的交流系统的电源或负荷发生变化时，要求直流输电进行潮流反转。这种类型的潮流反转通常由运行人员进行操作，也可以在设定的条件下自动进行。为了减小潮流反转对两端的交流系统的冲击，一般反转速度较慢，可以在几秒钟或更长的时间内完成。必要时也可以在反转前将输送功率逐步降低到其最小值，反转后的输送功率也可以逐步升高。

2. 紧急潮流反转

当交流系统发生故障，需要直流输电工程进行紧急功率援时，则要求紧急潮流反转。此时，反转的速度越快则对系统的支援性能越好。直流输电的潮流反转是直流电压极性的反转。在直流电压一定的情况下，潮流反转需要的时间主要取决于地直流线和地等值电容，即直流电压由额定值降到零以及由零又升高到其反向额定值，在线路电容上的放电时间和充电时间。对于架空线路来说通常在几个周波内即可完成（数百毫秒）。对于直流电缆线，为了防止当电压极性反转较快时对电缆绝缘产生的损伤，反转速度需要受到限制。

2.6.4 双极对称与不对称运行方式

双极对称运行方式是指双极直流输电工程在运行中两个极的直流电压和直流电流相等的运行方式，此时两极的输送功率也相等。双极直流输电在运行中两个极的直流电压或直流电流不相等时，均为双极不对称运行方式。

1. 双极对称运行方式

双极对称运行方式有双极全压对称运行方式和双极降压对称运行方式，前者双极的电压均为额定直流电压，而后者双极均降压运行。全压运行比降压运行输电系统的损耗小，换流器的触发角 α 小，换流站设备的运行条件好，直流输电系统的运行性能也好。因此能全压运行时，不选择降压方式。双极对称运行方式两极的直流电流相等，接地极中的电流通常小于额定直流电流的 1%，其运行条件好，长期在此条件下运行，可延长接地极的寿命。因此，双极直流输电工程在正常情况下均选择双极全压对称运行方式。这种运行方式可充分利用工程的设计能力，直流输电系统设备的运行条件好，系统损耗小，运行费用小，可靠性高。只有当一极输电线路或换流站一极的设备有问题需要降低直流电压或直流电流运行时，才会选择双极不对称运行方式。

2. 双极不对称运行方式

双极不对称运行方式有双极电压不对称方式、双极电流不对称方式及双极电压和电流均不对称方式。

双极电压不对称方式是一极全压运行，另一极降压运行。在电压不对称的运行方式下，最好能保持两极的直流电流相等，这样可使接地极中的电流最小，此时由于两极的电压不等，其输送功率也不相等。当降压运行不要求降低额定直流电流时，其输送功率也不相等，并将按降压的比例相应降低。如果在一极降压运行之前，其直流电流低于额定直流电流，则由一极降压引起的输送功率的降低，可用加大直流电流的办法来补偿，但最多只能补偿到直流电流的最大值。如果降压方式还要求降低直流电流，当一极降压时其直流电流也需相应降低。此时，如果要求直流输电工程在这种条件下具有最大的输送能力，则两极分别按其额定输送能力运行。全压运行的极可在其额定电压和额定电流下输送额定功率；降压运行的极只能在降低的直流电压和直流电流下运行，其输送功率将相应降低，从而形成两极电压和电流均不对称的运行方式，此时接地极中将流过两极电流之差值。如果要保证接地极中的电流最小，要求两极的电流同时降低，这将使双极直流输电工程的输送能力进一步降低。

双极直流输电工程在运行中如某一极的冷却系统有问题，需要降低直流电流运行时，可考虑选择双极电流不对称运行方式。电流降低的幅度视冷却系统的具体情况而定。此时接地极中的电流为两极电流之差值，电流降低的幅度越大，则接地极中的电流也越大；因此，电流降低的幅度以及运行时间的长短，还需要考虑接地极的设计条件。

当需要单极降压和降电流时，则形成双极电压和电流均不对称的运行方式。

2.6.5 直流输电的控制方式

直流输电输送功率的方向和大小以及两端换流站吸收无功的多少均是快速可控的。这种快速可控性是由控制系统在不同的控制方式下实现的。直流输电工程的稳态控制方式主要有控制有功功率的定功率或定电流控制方式以及控制无功功率的无功功率控制方式或交流电压控制方式等。

1. 定功率控制方式

在定功率控制方式下，直流输送功率由整流站的功率调节器保持恒定。在运行中，当直流电压升高时，功率调节器将相应地降低直流电流，而当直流电压降低时，则相应地升高直流电流，从而保持直流电压和直流电流的乘积为功率整定值。因此，在定功率控制方式下，直流电流在运行中不是一个常数，而是随直流电压的变化而变化，从而满足直流输送功率恒定的要求。定功率调节器是通过改变定电流调节器的整定值来保持输送功率的恒定。在定功率控制方式下，直流输送功率的改变由运行人员（手动）或由预先给定的负荷曲线（自动）通过改变功率调节器的整定值来实现。直流输电工程通常是由逆变站的控制方式决定直流电压，而由整流站的控制方式决定直流电流及直流输送功率。逆变站通常采用定关断角（即定γ角）控制或定电压控制来控制直流电压。为了降低直流输电系统的损耗和运行费用，在运行中，应尽量使直流电压运行在其可能的最大值。当采用定γ角控制时，γ角的定值应选为最小（约15°～18°），从而使直流电压运行在最大值。在这种情况下，直流电压不是一个常数，它随换流站交流系统的电压以及直流电流的变化而变化。由于交流系统的电压在运行中变化不大，以及直流电流的变化所引起的换流器内部压降也较小，从而使得在定γ角控制时直流电压的变化也不大。当采用定电压控制时，电压调节器将保持整流站或逆变站的直流电压恒定。正常运行时，将保持直流电压为其额定值（全压方式），降压方式运行时，则保持直流电压为降压方式的额定值。由于在运行中直流输电的电压是可能变化的，在定功率控制方式下，直流电压的变化有时会使直流输送功率受到影响，当直流电压降低时，可以用升高直流电流的方法来满足输送功率的要求。但直流电流最多只能升到其最大值。因此，当利用直流输电进行无功功率调节时，无功调节的范围越大，要求直流电压降低的幅度越大，对直流输送有功功率的影响也越大。

2. 定电流控制方式

事实上，在定电流控制方式下，直流电流由整流站的电流调节器保持恒定。直流输送功率不能恒定，它随着直流电压的变化而变化，当直流电压降低时，直流输送功率也降低，当直流电压升高时，直流输送功率则相应升高。为保证直流输电工程按给定的输送功率运行，在正常情况下采用定功率方式运行，当两端换流站之间的通信系统故障时，控制系统则自动转为定电流控制方式，并且保持故障前的电流整定值。因此，定电流控制方式可以作为通信系统故障时的一种备用控制方式。其次，当定功率调节器由于某种原因需要退出工作时，也可以由运行人员手动转为定电流控制方式。在定电流控制方式运行时，定功率调节器将退出工作，此时运行人员可以通过改变电流调节器的整定值，来改变直流输送功率。当逆变站采用 γ 角控制方式时，由于直流电压在运行中也不断有小的变化，在整流站定电流控制方式下，直流输送功率也随直流电压的变化而有波动。当逆变站采用定电压控制方式时，在整流站定电流控制方式下，直流输送功率则能够保持恒定。当受端为弱系统时，整流侧采用定电流控制方式，有利于受端交流系统的暂态稳定。

3. 无功功率控制方式

由换流原理可知，晶闸管换流阀组成的换流器，由于换流阀无关断电流的能力，其触发 α 只能在 $0^\circ \sim 180^\circ$ 的范围内变化，换流器在运行中需要吸收大量的无功功率。换流器吸收的无功功率与直流输电的输送容量成正比，其比例系数为 $\tan\varphi$，其中 φ 为换流器的功率因数角。因此，直流输电在运行中两端换流站需要的无功功率随其输送的有功功率而变化。为了满足换流器对无功功率的需要，两端换流站均装设交流滤波器、静电电容器，有时还需要装设高同步调相机或静止无功补偿装置。从直流输电本身的需求出发，为了保持两端换流站和交流系统交换的无功功率在一定的范围内，避免因直流输送功率的变化引起两端的交流系统的电压变化较大，需要对换流站的无功功率进行控制。另一方面，两端的交流系统的电压也可以利用换流站的无功功率控制而保持在一定的范围内。

换流站进行无功功率控制的手段主要有抽切换流站内的交流滤波器组或静电电容器组，来改变换流站提供的无功功率；以及调节换流器的触发角，来改变换流站所吸收的无功功率。

换流站的无功功率控制方式通常有无功功率控制和交流电压控制两种。前者的控制原则是保持换流站和交流系统交换的无功在一定的范围内；后者则是保持换流站交流母线电压的变化在一定的范围。交流电压控制方式主要在换流站与弱交流系统连接的情况下采用，一般的直流输电工程均采用无功功率控制方式。

2.7 直流输电的过电压和绝缘配合

2.7.1 高压直流输电系统过电压

1. 来自换流站交流侧过电压

(1) 暂时过电压。暂时过电压是指持续时间为数个周波到数百个周波的过电压。除直接作用在设备，尤其是避雷器上引起避雷器能量要求上升外，还作为其他故障和存在的起始条件，将引起操作过电压上升。最典型的暂时过电压发生在换流站交流母线，直接影响着交流母线避雷器，并通过换流变压器传至阀侧，影响阀避雷器。在换流站交流母线上产生的暂时过电压主要有以下 3 种类型：

1) 甩负荷过电压。当换流站的无功负荷发生较大改变时，根据网络的强弱，将产生程度不同的电压变化。

2）变压器投入时引起的饱和过电压。换流站和常规交流变电站不同，一般装设有大量的滤波器和容性无功补偿设备，与系统感性阻抗在低次谐波频率下可能发生谐振，造成较高的综合阻抗，使得变压器投入时饱和引起的励磁涌流在交流母线上产生较高的谐波电压，并叠加到基波电压上，造成长时间的饱和过电压。

3）清除故障引起的饱和过电压。在换流站交流母线附近发生单相或三相短路，使得交流母线电压降低到零。在故障期间，换流变压器磁通将保持在故障前水平不变。当故障清除时，交流母线电压恢复，电压相位与剩磁通的相位不匹配，将使得该相变压器发生偏磁性饱和。

（2）操作过电压。交流母线操作过电压是由于交流侧操作和故障引起的。引起操作过电压的操作和故障有以下几类：

1）线路合闸和重合闸。当两端开路的线路在一侧投入到交流系统时，通常在线路末端产生较高的操作过电压，而线路首端的过电压水平相对较低。

2）投入和重新投入交流滤波器或并联电容器。在投入滤波器时，因滤波电容器电压与交流母线电压相位不一致，将产生操作过电压。最严重的情况是滤波器刚刚退出，还未彻底放电，而因为某种原因需再次投入，此时如果电容器残压与交流母线电压刚好反相，将造成严重的操作过电压。

3）对地故障。当交流系统中发生单相短路时，由于零序阻抗的影响，会在健全相上感应出操作过电压。对于直流换流站常用的中性点固定接地系统，则这种操作过电压一般不太严重。

4）清除故障。清除故障也会引起操作过电压，但过电压倍数一般不太高。

（3）雷电过电压。换流站交流母线产生雷电过电压的原因有交流线路侵入波和换流站直击雷两类。由于换流站一般进线较多，又有较多的交流滤波器等阻尼雷电波的设备，加之无例外地装设交流母线避雷器，因此雷电过电压的情况一般没有常规变电站严重。另外，由于换流变压器的屏蔽作用。雷电波不能侵入换流阀侧，因此，在通常情况下，雷电过电压不作为换流站交流过电压研究和绝缘配合的重点，可直接依照常规交流变电所规程进行处理。

2. 来自换流站直流侧过电压

（1）暂时过电压。在换流站直流侧产生暂时过电压的原因主要有以下两类：

1）交流侧暂时过电压。当换流器运行时，因各种原因在换流站交流母线上产生的暂时过电压能够传导至直流侧，将主要引起阀避雷器通过较大的能量。

2）换流器故障。换流器部分丢失脉冲、换相失败、完全丢失脉冲等故障均能够引起交流基波电压侵入直流侧。如果直流侧主参数配置不当，存在工频附近的谐振频率，则由于谐振的放大作用，将在直流侧引起较长期的过电压。

（2）操作过电压。在换流器内部产生操作过电压的原因主要有以下两类：

1）交流侧操作过电压。交流侧操作过电压可以通过换流变压器传导到换流器。

2）短路故障。在换流器内部发生短路故障。由于直流滤波电容器的放电和交流电流的涌入，通常会在换流器本身和直流中性点等设备上产生操作过电压。

（3）雷电过电压。由于换流变压器及平波电抗器具有屏蔽作用，因此在一般设计中可以不考虑雷击引起的过电压。但当换流器内部发生短路故障时，充电的极电容和直流滤波器电容通过平波电抗器向未短接的部分放电。如果回路自然频率为雷电波频率，则会在这些设备上产生雷电过电压。

（4）陡波过电压。以下两种原因会在换流器中产生陡波过电压：

1）对地短路。当处于高电位的换流变压器阀侧出口到换流阀之间对地短路时，换流器杂散电容上的雷电压将直接作用在闭锁的一个阀上，对阀产生陡波过电压。而直流滤波器和极电容上的电压将通过平波电抗器加到未导通的阀上，造成雷电波或操作波过电压。

2）部分换流器中换流阀全部导通和误投旁通对。当两个或多个换流器串联时，如果某一换流器全部阀都导通或误投旁通对，则剩下未导通的换流器将耐受全部极电压，造成陡波过电压。

3. 来自直流线路过电压

(1) 雷电过电压。直流线路上的直击雷和反击雷除在直流线路上产生雷电过电压外，还将沿线路传入直流开关场，直流开关场直击雷也将产生雷电过电压。

(2) 操作过电压。直流线路上产生操作过电压的情况主要有以下两种：

1）在双极运行时，一极对地短路，将在健全极产生操作过电压。这种操作过电压除影响直流线路塔头设计外，还影响两侧换流站直流开关场过电压保护和绝缘配合。过电压的幅值除与线路参数相关外，还受两侧电路阻抗的影响。

2）对开路的线路不受控充电（也称空载加压）。当直流线路对端开路，而本侧以小触发角解锁时，将在开路端产生很高的过电压。这种过电压不但能加在直流线路上，而且也可能直接施加在对侧直流开关场和未导通的换流器上。在现代直流输电工程中，可以采用两种技术避免上述情况发生：其一是在站控中协调两侧的网络状态和解锁顺序，避免对开路的直流线路加电压；其二是在极控中加连锁，避免换流器小角度解锁。通过这两种技术，将这种直流侧最严重的过电压情况发生的概率降低到工程设计中可不予考虑的程度。

2.7.2　绝缘配合

无论是交流输电工程，还是直流输电工程，过电压和绝缘配合的研究工作都是非常重要的。对于特高压直流输电系统，由于长空气绝缘的饱和、高海拔和电气设备制造上的因素，给过电压和绝缘配合提出更高的要求，面临的重大问题之一就是如何用合理的代价将过电压限制在一个合理的水平内，同时，要进行深入细致的绝缘配合研究，选择合理的设备绝缘水平和空气间隙距离，使工程造价合理，且工程运行安全可靠。

1. 绝缘配合原则

绝缘配合是根据系统设备上可能出现的过电压水平，同时考虑相应避雷器的保护水平，来选择确定电气设备的绝缘水平。

直流换流站绝缘配合的一般方法与交流系统绝缘配合的方法相同，采用惯用法进行绝缘配合。即在电气设备上可能出现的最大过电压与电气设备的雷电冲击耐受电压（LIWV）或操作冲击耐受电压（SIWV）之间留有一定的裕度。

根据交流系统的运行经验和现有直流输电工程的成功经验，特高压直流输电工程的绝缘配合裕度可按 CIGRE/33.05 工作组 1984 年提出的《高压直流换流站绝缘配合和避雷器保护导则》和 GB/T 311.1《高压输变电设备的绝缘配合》中的原则选取。

2. 过电压水平

直流系统的操作和暂态过电压是由交直流系统的各种操作和各种故障引起的，这些操作（故障）将在换流站的交、直流设备上产生过电压，并对交、直流设备的操作冲击绝缘水平的选取起着决定性的作用。

直流系统暂态过电压的产生机制，即电磁暂态过程与交流系统有所不同，相对要复杂得多。所以，其过电压的波形（持续时间）和幅值与交流系统是不同的，其持续时间可以长达数十至上百毫秒。

影响直流系统暂态过电压幅值和持续时间的因素与操作或故障类型、操作或故障位置有关，还与避雷器的保护水平、直流控制保护等因素有关。不同工程的暂态过电压也会因此而略有不同。

第3章　特高压交流输电

3.1　特高压交流输电概述

随着经济的迅速发展，我国电力工业的发展也越来越快。我国2020年发电量将达到5000～5400TW·h，发电装机容量将达到1000～1200GW，与美国2020年的预计发电量（5500TW·h）、发电装机容量（1250GW）大体相近，2020年后，在总量上将超过美国。我国电力工业存在的主要问题是能源和负荷地理分布不均衡，约68%的水力资源分布在西南地区，约76%的煤炭资源分布在华北、西北地区，70%的负荷则主要集中在东部沿海。因此，我国的电网发展战略是“西电东送、南北互供、全国联网”。

全国联网网架中各段输送容量为5～20GW，输送距离为600～2000km，而目前的500 kV电网在传输长度、传输容量和限制短路电流等方面均不能满足要求。特高压输电可以解决大容量远距离输电、大容量区域电网互联及主干系统潮流增加所带来的系统稳定和短路电流水平增加等难题，是一种节省线路走廊、降低输电损失的高效率输电方式。随着电力工业的快速增长、电网容量的增大，对发电输电技术提出了许多新的要求。因此，特高压交流输电技术已成为迫切需要研究和解决的问题。图3.1所示为特高压交流输电线路。

所谓特高压交流输电，是指1000kV及以上电压等级的交流输电工程及相关技术。特高压输电技术具有远距离、大容量、低损耗和经济性等特点。目前，对特高压交流输电技术的研究主要集中在线路参数特性和传输能力、稳定性、经济性以及绝缘与过电压、电晕及工频电磁场等方面。

图 3.1 特高压交流输电线路

其特点表现在：

（1）输电能力。输电线路的传输能力与输电电压的平方成正比，与线路阻抗成反比。一般来说，1100kV 输电线路的输电能力为 500kV 输电能力的 4 倍以上，但产生的容性无功也为 500kV 输电线路的 4.4 倍及以上。因此，特高压输电线路的输送功率较小时，送、受端系统的电压将升高。为抑制特高压线路的工频过电压，需要在线路两端并联电抗器以补偿线路产生的容性无功。

（2）线路参数特性。特高压输电线路单位长度的电抗和电阻一般分别为 500kV 输电线路的 85%和 25%左右，但其单位长度的电纳可为 500kV 线路的 1.2 倍。

（3）稳定性。特高压输电线路的输电能力很大程度上是由电力系统稳定性决定的。对于中、长距离输电（300km 及以上），特高压输电线路的输电能力主要受功角稳定的限制（包括静态稳定、动态稳定和暂态稳定）；对于中、短距离输电（80～300km），则主要受电压稳定性的限制；对于短距离输电（80km 以下），主要受热稳定极限的限制。

（4）功率损耗。输电线路的功率损耗与输电电流的平方成正比，与线路电阻成正比。在输送相同功率的情况下，1000kV输电线路的线路电流约为500kV输电线路的1/2，其电阻约为500kV线路的25%。因此，1000kV特高压输电线路单位长度的功率损耗约为500kV超高压输电的1/16。

（5）经济性。同超高压输电相比，特高压输电方式的输电成本、运行可靠性、功率损耗以及线路走廊宽度方面均优于超高压输电方式。

3.2　特高压交流输电发展现状

3.2.1　特高压交流输电的发展

1. 国外特高压交流输电发展概况及其适用范围

自20世纪50年代开始，电力系统采用380kV、500kV电压等级，60年代，前苏联、美国、加拿大等国在330kV电网中采用750kV电压等级之后，由于电网输电容量的增大、输电走廊的布置日益困难、短路电流接近开关极限等原因，美国、前苏联、日本、意大利等国于60年代开始研究1000～1200kV特高压交流输电技术，建设了试验室及1km长的试验线路。其后由于用电增长较规划慢得多等多种因素，部分国家停止了试验工作，只有前苏联和日本根据电网规划建设了特高压交流输电工程。

前苏联为了优化利用煤炭资源，规划在哈萨克斯坦的埃基巴斯图兹煤矿建设数座容量为4～6GW的发电厂，用1150kV交流和±750kV直流输电线路向前苏联的欧洲部分送电，同时在1150kV交流线路中建设几个降压变电站向沿线城市供电。1981～1994年共建成1150kV输电线路2364km，其中埃基巴斯图兹—科克切塔夫—库斯坦奈线路长900km，于1985年开始按1150kV设计电压运行，前苏联解体后，输电容量大幅度减少，降压为500kV运行。

日本东京电网在东京东北约300km处的福岛建设了两座核电站及一座火电站，总容量为12.3GW，在西北方向约200km处的柏崎刈羽建设了容量为8.21GW的核电站向东京地区供电，因输电走廊布置困难，限制500kV短路电流，提高输电技术及设备制造水平，经详细技术经济分析论证后，决定采用1000kV电压等级的特高压交流输电方式，建设（福岛）南磐城—新今市—西群马（长239km）、柏崎刈羽—西群马（10km）、西群马—东京东山黎（138km）等3条1000kV同杆并架双回路输电线路向东京电网送电，并与电厂投产初期已建成的多回500kV线路并列运行。由于部分核电机组投产进度推迟，先降压为500kV运行，计划于2010年前后升压至1000kV运行。

关于意大利和美国特高压发展情况见4.2节。

经过大量研究试制工作，俄罗斯、日本、西欧、美国的许多制造厂已掌握了特高压设备的制造技术，有可能供给产品及转让技术。由上述分析可见，采用特高压交流输电方式主要是为了满足电网发展大容量中、长距输电工程的需要，并可解决输电走廊布置困难、短路容量受限等问题，其适应范围包括：

（1）沿线有降压供电需要的大容量远距离输电，如前苏联的哈萨克斯坦—欧洲输电工程。

（2）用电密集、输电走廊布置困难的500kV电网的中距离大容量输电，同时改善电网结构，如日本东京电网。

（3）两大电网间的大容量联网输电干线。

2. 中国特高压交流输电的发展

随着中国经济和能源供应发生巨大变化以及中国电力工业的迅速发展，电网的建设和发展面临一系列新的挑战和问题，走集约化道路，进一步发展大电网已成为必然的选择。

从1986年起，特高压输电研究先后被列入“七五”、“八五”、“十一五”科技攻关计划，1990～1995年，国务院重大技术装备办公室组织“远距离输电方式和电压等级论证”；1990～1999年，国家科学技术委员会组织“特高压输电前期论证”和

"采用交流百万伏特高压交流输电的可行性"等专题研究。

1986 年以来，中国电力科学研究院、武汉高压研究所、国家电力公司电力建设研究所和有关高等院校开展了特高压输电的基础研究，对特高压外绝缘放电特性、特高压对环境影响、工频和操作过电压等进行了试验研究。国网武汉高压研究所于 1999 年建设成 1000kV 级、长 200m、8 分裂试验线段。国家电网公司北京电力建设研究院 2004 年建成杆塔试验站，可进行特高压杆塔原型强度试验，还可进行特高压输电线路防振试验。

从 2004 年底，国家电网公司启动了特高压输电工程关键技术研究，系统地对特高压交、直流输电的系统分析、工程设计、施工调试、主设备研制等方面开展研究。

2007 年 2 月 13 日，国家电网公司特高压交流试验基地 1000kV 单回试验线段在武汉带电启动，这标志着我国特高压交流试验基地正式投入运行。

2009 年 1 月 6 日，中国自主研发、设计和建设的百万伏交流输变电项目晋东南—南阳—荆门特高压试验示范工程正式建成投运。工程北起山西的晋东南变电站，经河南南阳开关站，南至湖北的荆门变电站，线路全长 640km，连接华北、华中电

图 3.2　特高压长治变电站鸟瞰图

网，横贯山西、河南、湖北3省。这是迄今为止，世界上运行电压最高、输送能力最大、技术水平最先进的特高压交流输变电工程。图3.2所示为特高压长治变电站鸟瞰图，图3.3所示为特高压南阳开关站鸟瞰图，图3.4所示为特高压荆门变电站鸟瞰图。

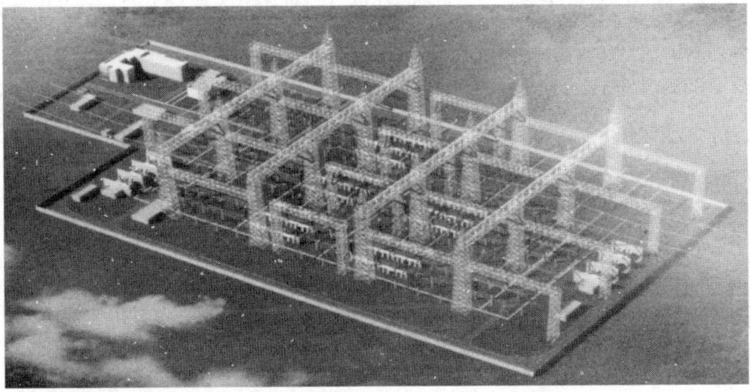

图3.3 特高压南阳开关站鸟瞰图

图3.4 特高压荆门变电站鸟瞰图

未来，中国将建设以特高压交流电网为骨干网架，主要发展大容量远距离特高压交流输电，形成特高压、超高压、高压电网分层、分区，网架结构清晰的、强大的国家电网。

3.3　特高压交流输电设备

3.3.1　特高压电力变压器

电力变压器是利用电磁感应原理，将一个等级的交流电压和电流变成频率相同的另一个等级或几种不同等级的电压和电流的电器。其作用是将不同电压等级的输电线路和设备连接成为一个整体。它由一个或几个绕组套于铁芯上制成。不同绕组间通过磁链的耦合，使电能得以在不同的电回路中传递，以实现传输和分配电能的目的。

超高压、特高压电力变压器按用途可分为升压变压器、降压变压器、联络变压器等。特高压电力变压器主要由发电机升压变压器和自耦变压器两类。由于特高压输电系统的中性点都是直接接地的，自耦变压器的中性点一般也是直接接地的，其绝缘水平很低。自耦变压器如果需要有载调压，一般都在中性点调压。发电机升压变压器不需要有载调压装置，甚至不设无载调压分接头，以简化特高压大型变压器的结构。

1. 特高压电力变压器的特点

变压器是特高压变电站中最贵重的设备之一，考虑到它在系统中所占的重要地位，对其可靠性提出了很高的要求。特高压电力变压器有以下特点：

（1）容量很大，一般三相容量都在 1GVA 以上，甚至达到几吉伏安。

（2）绝缘水平高。基准绝缘水平（雷电冲击绝缘水平）高，一般在 1950～2250kV 之间或者更高。

（3）由于容量大和绝缘水平高，其重量和体积必然很大。

（4）设计和制造时需要考虑运输的条件，一般为单相结构。

特高压电力变压器对可靠性的要求高，需要考虑近年来超高压电力变压器运行中出现的问题，如油流带电、GIS 中的特快速瞬态过电压引起变压器绕组的损坏等。一般在研制中首先用 1∶1

的原型样品进行专门研究。在制造中采用合理的绝缘水平和成熟的新技术，以达到优良的性能和较低的造价和重量。

2. 国内特高压电力变压器现状

沈阳变压器厂是中国历史最久、规模最大的变压器制造厂，从20世纪80年代初生产500kV变压器开始，先后引进过法国阿尔斯通公司、日本日立公司的技术，近年来结合三峡工程又引进了德国西门子公司的500kV、267MVA（单相）换流变压器，3000A平波电抗器和三峡840MVA三相升压变制造技术，生产过500kV、720MVA的三相升压变压器（现在广东沙角C厂运行），自主开发了500kV并联电抗器，新建了大型变压器车间，研制了1000kV级中间变压器。

西安变压器厂也是国内大型变压器厂，过去以生产特种变压器而闻名全国，生产过500kV、400MVA三相升压变压器，其从阿尔斯通公司引进的500kV并联电抗器制造技术是输变电行业成功引进国外先进技术的典型。20世纪90年代，引进日立公司500kV变压器制造技术，近年来又从ABB公司引进了500kV、297.5MVA换流变压器和3000A平波电抗器制造技术，改造了生产车间和装备，并承担了西北750kV、500MVA中一相自耦变压器的制造任务。

特变电工沈阳变压器集团有限公司（特变电工沈变）由特变电工股份有限公司在原沈阳变压器有限责任公司基础上重组成立，高速高质高水平地完成了“重大变压器制造基地”国债一期技改项目，企业硬件设施全面升级，拥有了“双百万”（容量100万VA，电压100万V）的生产能力。特变电工衡阳公司为原衡阳变压器厂重组而成，也拥有“双百万”的生产车间，一组500kV、167MVA中单相自冷中压线端无励磁调压自耦变压器已现场安装调试，近来又引进乌克兰VIT的110～1150kV变压器全套软件及330～750kV并联电抗器生产许可证，正在生产500kV、400MVA三相发电机升压变压器，还生产了750kV、100MVA中单相并联电抗器，研制了1200kV、250MVA的中间变压器。

总体来说，中国的电力变压器制造水平和工艺随着 750kV 工程的上马有了新的发展和进步，不少企业已具备制造特高压变压器设备的技术条件和生产能力。特变电工股份有限公司（简称特变电工）、西安西电变压器有限责任公司（简称西安西变）、保定天威保变三大变压器厂已经为特高压交流试验基地研制了 1000kV 变压器。其中，特变电工和保定天威保变电气股份有限公司（简称保定天威保变）还为特高压示范工程生产了特高压变压器。

2009 年 1 月 6 日 1000kV 晋东南—南阳—荆门特高压交流试验示范工程正式投入商业运行，其 1000kV 主变压器由保定天威保变公司生产，为单相自耦三绕组强迫油循环风冷无载调压变压器，单台容量 1000MVA。主变压器的重量为 577.8t，调压变的重量为 153t。如图 3.5 所示为长治站 3 台主变压器。

图 3.5　特高压晋东南长治变电站 3 台单相 1000kV 主变压器

由于变压器为变磁通调压方式，为了保证低压侧电压恒定，在调压变压器中还装设有低压补偿变压器，用于补偿低压侧电压的波动，故调压变压器中有调压器和补偿器两部分。调压变压器、补偿变压器两个器身共用一个油箱，通过管母与主变压器连接。图 3.6 所示为长治站 1000kV 1 号调压补偿器。

图 3.6 特高压晋东南长治变电站 1000kV 1 号调压补偿变压器

3. 特高压变压器研制过程中的关键技术

特高压变压器和并联电抗器由于电压高、容量大、所涉及的关键技术很多，下面就主要问题予以说明。

（1）特高压系统中发生的过电压将对特高压变压器的绝缘安全造成威胁。考虑其特殊性，从线圈、器身结构设计入手，通过反复计算、解析和调整，在保证可靠性的前提下使结构合理，提高耐冲击特性，缩小体积，降低成本。

（2）研究调压方式、调压线圈的设置及结构。调压线圈的结构容量较小，是产品可靠性的薄弱环节，对特高压变压器性能影响较大。

（3）特高压电场强度的研究，关键在电极表面或电极覆盖表面的场强控制，关系到主、从绝缘，端部绝缘，引线绝缘的可靠性和局部放电水平。

（4）特高压变压器的容量大，考虑运输方便，多为多柱结构，增加了导线串并联连接。因此，带来了与其他电压等级变压器不同的特高压大电流问题。引线电极形状、覆盖、夹持以及表面电场控制都是攻关的主要内容。

（5）机械强度是特高压变压器的关键技术之一。绝缘可靠性可以通过不同的高压试验加之延长试验时间进行验证，但线圈、器身的抗短路强度目前国内所具有的条件是无法用试验来验证的，因此抗短路能力的可靠性设计必须保证。另外，产品整体机械强度、夹持结构强度、油箱机械强度等都应满足大容量产品的结构要求。

（6）特高压变压器的运输重量一般都超过 400t，分成两部分运输其重量也要超过 200t。特高压变压器的现场组装技术又是一个重要的需要综合考虑的关键技术。

3.3.2　特高压并联电抗器

并联电抗器是高电压远距离输电系统的重要设备，通常安装在变电站和开关站里。高压并联电抗器的形式均采用单相户外油浸式，间隙铁芯结构，3 个单相联结成 Y 形，中性点一般都经中性点电抗器接地。高压并联电抗器的主要作用如下：

（1）吸收超高压线路的充电功率，降低工频暂态过电压，进而限制操作过电压，提高系统稳定性和输送能力。

（2）减少线路中传输的无功功率，降低线损，提高输电效率。

（3）还能降低工频稳态电压，利于系统同期。

（4）有利于防止同步电机带空载长线可能出现的自励磁现象。

（5）高压并联电抗器中性点经中性点电抗器接地后，可以补偿输电线路对地电容，加速潜供电流电弧熄灭，有利于实现单相快速重合闸。

交流特高压线路中用到特高压并联电抗器也是基于这一目的。由于特高压输电线路电压等级高，线路电容产生的无功功率很大。对于 100km 的特高压线路，在额定电压为 1000kV 及最高运行电压为 1100kV 的条件下，发出的无功功率（三相）可以达到 400～500Mvar，约为 500kV 线路的 5 倍。在 500kV 输电线路中，并联电抗器的典型单相容量为 40Mvar、50Mvar、60Mvar 和 70Mvar，750kV 系统中的典型单相容量是 100Mvar 和

120Mvar，1000kV级特高压示范工程（晋东南—南阳—荆门）线路全长约654km，需采用的特高压并联电抗器配置为：晋东南变电站配置高压并联电抗器容量为960Mvar；晋东南—南阳线路南阳侧高压并联电抗器与南阳—荆门线路南阳侧高压并联电抗器容量相同，均为720Mvar；荆门变电站按600 Mvar配置。因此，特高压交流试验示范工程采用的高压并联电抗器的单相容量分别为320Mvar、240Mvar和200Mvar，其中单相320Mvar应该是目前世界上并联电抗器单相容量之最。如图3.7所示为特高压并联补偿电抗器。

特高压并联电抗器的主要特点：一是电压等级高；二是单相容量大。这两个特点决定了特高压电抗器在绝缘结构和电磁设计方面与超高压并联电抗器的差异。

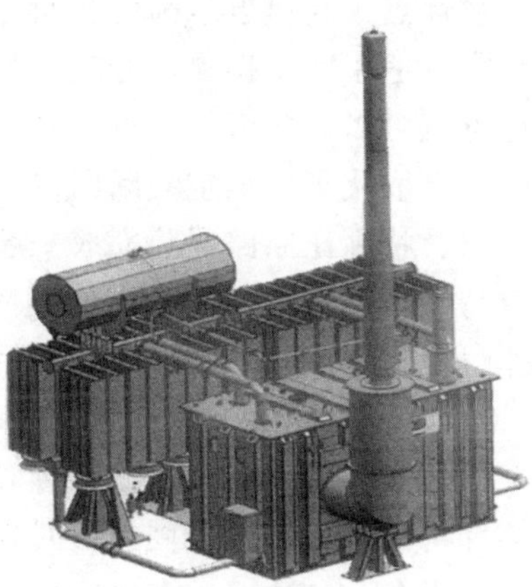

图3.7　320Mvar、240Mvar特高压并联电抗器整体外形图

3.3.3　特高压开关设备

特高压开关设备的器件主要有断路器、隔离开关和接地开关等，主要用于关合及开断高压正常电力线路，以输送及倒换电力负荷；从电力系统中退出故障设备及故障线段，保证电力系统安全、正常运行；将两段电力线路以致电力系统的两部分隔开；对已退出运行的设备或线路进行可靠接地，以保证电力线路、设备和运行维修人员的安全。因此，高压开关设备是非常重要的输配电设备。

1. 特高压断路器

断路器是特高压开关设备中最重要、最复杂的一种器件。它既能关合、承载、开断运行回路的正常电流，又能关合、承载、开断规定的过载电流（如短路电流）的开关设备。广泛用于电力系统的发电厂、变电站、开关站及用电线路上，同时承担着控制和保护双重任务。

特高压断路器的种类很多，按不同灭弧介质分类，有油断路器，空气（真空）断路器，六氟化硫（SF_6）断路器等。特高压断路器通常采用 SF_6 断路器，只有在某些地区中，由于气候寒冷，SF_6 气体可能液化而采用压缩空气断路器。近年来，也有采用 SF_6 气体中加入少量其他气体以降低液化温度，仍可用在寒冷地区中。由于 SF_6 气体有优异的灭弧和绝缘性能，SF_6 断路器有很多优点：断口电压高，开断能力强，允许连续开断短路电流次数多，适于频繁操作，开断容性电流可以无重燃或复燃，开断感性电流可以无截流等。近年来，SF_6 断路器在高压及超高压领域中，已取代了压缩空气断路器；在特高压领域中更是最主要的断路器。特高压断路器除完成一般高压断路器的任务外，还要求采取特殊措施（如分闸和合闸电阻），尽量降低开断和关合时的操作过电压，以降低线路和变电站设备的绝缘水平和造价。

2. 特高压隔离开关

隔离开关是一种在分闸位置时其触头之间有符合规定的绝缘距离和可见断口，在合闸位置时能承载正常工作电流及短路电流的开关设备。隔离开关在关合位置时，能承载工作电流，但不能切除短路电流和过大的工作电流。隔离开关没有灭弧装置，因此结构比断路器简单得多，只需要考虑工作电流的发热和短路电流的动、热稳定性。它主要由绝缘瓷柱（支柱绝缘子）和导电活动臂组成。

隔离开关的结构形式按照支柱绝缘子的数量和导电活动臂的开启方式划分，有单柱垂直伸缩式、双柱水平旋转式、双柱水平伸缩式和三柱水平旋转式 4 种形式。

隔离开关的选型布置与配电装置的形式有关，直接影响配电装置的占地和结构布置。例如，母线用单柱式隔离开关，可直接布置在母线下方，以缩小配电装置的纵向尺寸，从而节省占地。反之，用双柱水平旋转式隔离开关，则要求有较大的空间距离，增加了配电装置的间隔宽度，在连接母线时又需要一定的纵向尺寸，从而增加了配电装置的占地。超高压和特高压的敞开式变电站，占地面积很大，为了节约面积通常采用单柱垂直伸缩式隔离开关。

3. 特高压气体绝缘金属封闭开关设备

将变电站的电气元件（变压器殊外），如母线、断路器、隔离开关、电流互感器、电压互感器、母线接地开关、避雷器等全部（或者大部分）用接地的金属密闭容器封闭在充有高于大气压的绝缘气体六氟化硫（SF_6）中的成套配电装置，简称 GIS。充注的 SF_6 密度大小取决于内部灭弧性能和绝缘性能的要求。GIS 内部元件只有组合在一起并充以规定密度的 SF_6 时才能运行，不能拆开单独使用。在构造上，可以归纳为以下几部分：①载流部件或内部导体；②绝缘结构；③外壳；④操动系统；⑤气体系统；⑥接地系统；⑦辅助回路；⑧辅助构件。

GIS 内部元件有的单独占有一个气室，有的几个元件连在一起占有一个气室。各个气室可以有不同的气体密度。气室内的导电部分与金属外壳之间用浇铸型环氧树脂绝缘子支撑，气室之间在电气上通过金属连接件连接起来。

外壳之间的接口均经过精密加工，使用耐腐蚀的 O 形密封胶圈将高压气体密封在内部。外壳上一般都安装有安全阀或防爆膜片。

GIS 与常规高压电器相比优点是：①可以大幅度缩小占地面积；②带电部分全部封闭在金属外壳内，可避免高电压对环境的电磁污染；③设备防止人员触电伤亡；④延长设备检修周期，一般在 10～20 年内不必解体大修；⑤设备绝缘性能不受周围大气条件影响，耐震性强，能提高运行可靠性。

对特高压来说，优点①～⑤都是非常重要的。GIS 的造价高于常规电器。在工程设计上，计及占用土地面积、施工费用等，GIS 总投资与常规电器的投资比随电压等级的提高而相对降低，这对于在特高压采用 GIS 是有利的。

1000kV 晋东南—南阳—荆门特高压交流试验示范工程中采

用了河南平高电气股份有限公司生产的GIS组合电器，其中包括断路器、电流互感器、隔离开关、接地开关、避雷器、母线、波纹管、套管和汇控柜等设备，现场一字形排列，安装在1000kV GIS区域，每相21个气室。1000kV GIS断路器采用双断口结构，通过大功率液压操动机构的带动进行分闸、合闸及自动重合闸操作。如图3.8所示特高压长治站1000kV GIS组合电器布置图，图3.9所示特高压长治站1000kV GIS组合电器实物图。

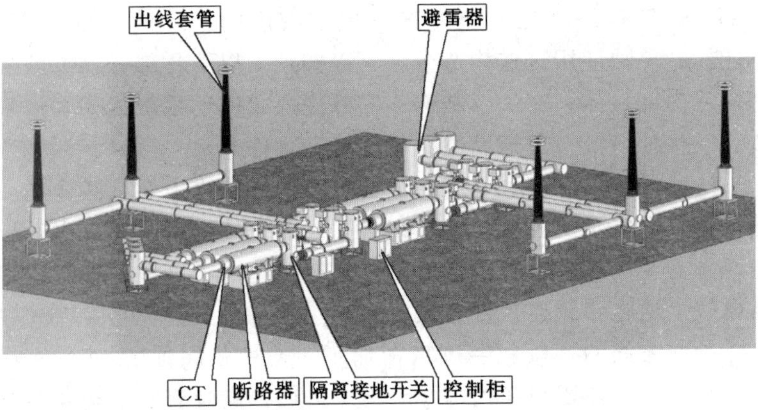

图3.8 特高压长治站1000kV GIS组合电器布置图

3.3.4 特高压互感器

电压互感器是将一次（高压）侧交流电压按额定电压比转换成可供仪表、继电保护或控制装置使用的二次（低压）侧电压的变压设备。电压互感器使一、二次侧高、低压电路互相隔离。正常使用时，电压互感器的变比约等于一、二次绕组的匝数比，两侧电压的相位差则接近于零。按结构原理通常可分为电磁式电压互感器和电容式电压互感器两大类。

电流互感器是将一次（高压）侧交流电流按额定电流比转换成可供仪表、继电保护或控制装置使用的二次（低压）侧电流的变流设备。电流互感器的一次绕组通常与需测量、保护或控制的电路串联，二次绕组则与测量、保护或控制装置的电流线圈连接，它将一、二次侧高、低压电路互相隔离。正常使用时，电流互感器的一、二次额定电流之比与一、二次绕组匝数成反比。其电流间的相位差接近于零。

图 3.9　特高压长治站 1000kV GIS组合电器实物图

1. 特高压电压互感器

多数情况下，在特高压变电站中使用电容式电压互感器，它可以分为敞开式和封闭式两类。

(1) 敞开的电容式电压互感器(TV)。主要在敞开式配电装置中使用。它由电容分压器电磁单元（电磁式电压互感器）构成，一般为单相油浸式。电容分压器是由若干只电容器串联组成的，接于高压导线与地之间。从电容分压器引出的中压端子与电磁单元连接。电容分压器和电磁单元可分装成两个独立的部分，常称为分离式；也可将电容分压器叠装在电磁单元之上，常称为单柱式。分离式的结构较松散，便于检修；单柱式的结构紧凑，检修则不便。

特高压户外用独立式电压互感器建议采用分离式 TV，即电容式分压器与电磁单元分离，以便调试和试验。

(2) 封闭的电容式电压互感器。它由电容分压器和电子放大器构成，在气体绝缘金属封闭开关设备中使用。

特高压的 GIS 中可以采用电磁式电压互感器也可使用 TV，GIS 用 TV 绝缘性能更好，误差性能比独立式要好得多。

2. 特高压电流互感器

在敞开式超高压变电站中，目前常用油浸式电流互感器，也有电容型结构和链型两种。油浸式电流互感器通常装有隔膜或金属膨胀器，使油与空气隔离，防止绝缘受潮和氧化。

电流互感器在 GIS、罐式 SF_6 断路器（GCB）和变压器等设备中常用套管式电流互感器，带电的导体从中间穿过，结构上就比较简单。特高压输电线路发生故障时，故障电流的直流分量衰减时间常数很大。作为对策在中间设置了无磁饱和的母线保护用空芯电流互感器。电流互感器与电压互感器组装在同一外壳内的组合式互感器和光电式电流互感器也在发展中。

电子式互感器可配套用于 GIS，也可独立使用。特高压户外独立式电流互感器在绝缘方面有优势，体积小、质量轻。但是由于电子式互感器受环境影响较大，在电网长期运行中，其准确性有待于实际工程的考验。

3.3.5　特高压避雷器与套管

1. 特高压避雷器

避雷器是用来限制由线路传来的雷电过电压或由操作引起的内部过电压的一种电气设备。避雷器的保护原理与避雷针不同。它实质上是一种放电器，并联连接在被保护设备附近，当作用电压超过避雷器的放电电压时，避雷器即先放电，限制了过电压的发展。从而保护了其他电气设备免遭击穿损坏。

我国电力系统用避雷器发展至今大体经历了 4 个阶段，即羊角间隙，管式避雷器，碳化硅避雷器和氧化锌避雷器（简称 MOA）4 种类型。国内主流的 MOA 技术于 20 世纪 80 年代初从日本日立公司引进，经过 20 多年的优化和自行研究，目前已具有了相当水平，至少在 10 多年前 MOA 就已经在电力系统中占据了绝对的优势，同时也促成了碳化硅避雷器退出市场。因此，目前的避雷器也就是 MOA 了。

氧化锌避雷器的氧化锌非线性电阻片是在以氧化锌为主要材料的基础上，掺以微量的氧化铋、氧化钴、氧化锰、氧化锑、氧化铬等添加物，经过成型、烧结、表面处理等工艺过程而制成。所以也称为金属氧化物电阻片，以此制成的避雷器也称为金属氧化物避雷器。由于氧化锌电阻片具有非常优异的非线性伏安特性，可以取消串联火花间隙，实现避雷器无间隙无续流，而且造价低廉。另外，由于氧化锌电阻片有极其优异的非线性特性，它在过电压下电阻很小，残压很低；而在正常工作电压下电阻很高，实际上相当于绝缘体，因此可以不用串联火花间隙来隔离工作电压，而将氧化锌电阻片直接接到电网上运行也不至于烧坏。

交流特高压 MOA 是交流特高压变电站（开关站）内装设于 1000kV 端（母线侧或线路侧），用于保护站内设备，属于电站型避雷器，通常为无间隙结构，有瓷外套空气绝缘式和 GIS 式两大类。

2. 特高压套管

特高压套管长度长，电场强度高、质量大，对制造的技术水平要求很高。目前，全世界能生产特高压套管的厂家有意大利 P&V，瑞士 ABB、英国传奇、乌克兰扎布罗热变压器研究所（VIT）、中国西安西电高压电瓷有限责任公司、中国抚顺传奇套管有限公司等少数几家公司。从套管的用途上看，可以将特高压套管分为变压器套管，电抗器套管与 GIS 套管。

（1）变压器、电抗器套管。中国西安西电高压电瓷有限责任公司和英国传奇为国家电网武汉特高压交流试验基地的 3 台特高压变压器提供了 3 支变压器用油浸电容型电瓷式特高压套管。特高压交流试验示范工程主变压器的套管是由意大利 P&V 生产的，并联电抗器的套管是由 ABB 生产的，这两家制造商生产的套管也都是油浸电容型电瓷式特高压套管。图 3.10 所示为 1000kV 晋东南—南阳—荆门特高压试验示范工程长治变电站 1000kV 变压器套管。

（2）GIS 套管。日本公司 20 世纪 70 年代中期就开始了 1000kV 用套管的瓷套研制，并于 1981 年研制出第一台样机。样机由 16 节套管粘接而成，总高度 12m，臂厚 70mm，底部内径 1200mm，最大外径 1540mm，总质量 10t。在瓷套管内部安装均压屏蔽、导电杆等部件，然后装配到套管基座上，套上均压环，就构成了完整的套管。1000kVGIS 用套管也可用于罐式断路器及 HGIS 出线。图 3.11 所示为 1000kV 晋东南—南阳—荆门特高压试验示范工程长治变电站所采用的 GIS 套管。

图 3.10　特高压长治站 1000kV 变压器套管

图 3.11　特高压长治站 GIS 套管

尽管硅橡胶复合型瓷套电气性能、机械性能比电瓷瓷套要优越，制造工艺相对简单，成本也低廉，但是抗紫外线老化能力不如电瓷瓷套好，日本 1000kV GIS 用套管选择了电瓷式套管。我国 1000kV 交流特高压工程在 GIS 套管结构选择上，专家有不同意见，因此工程上既有电瓷式套管，也有硅橡胶复合绝缘瓷套。

3.3.6　特高压输电线路

1. 特高压输电线路的导线

导线是架空输电线路的主要元件之一，在架空输电线路建设投资中占有很大的比重。特高压架空输电线路分裂导线的结构形式，除了要满足按经济电流密度传送能量的要求，以及按限制电晕放电和无线电干扰条件所允许的导线表面场强的要求来计算子导线的最优根数和半径之外，同样也包括选择子导线在空间的相互布置，以使得分裂导线电流不均匀分布以及导线表面场强不均匀分布系数达到最小值。研究表明，电晕产生的无线电干扰和可听噪声对环境的影响已经成为特高压输电线路导线选型和分裂形式选择的最主要因素之一。

特高压输电线路导线直径和分裂导线中子导线的排列位置，即分裂导线的结构形式由所要求的电晕特性决定，或由分裂导线的最大表面电场强度决定。子导线布置形式一般分对称均匀分布和非均匀分布两种排列。试验研究表明，在子导线表面电场强度达到最小值，从而使电晕效应和电晕损耗也最小。

国际上目前设计或者运行的 1000～1200kV 电压等级的特高压线路，导线的结构形式以 8 分裂居多，变化范围为 6～10 分裂。子导线间距为 40～45cm，相应分裂圆直径的变化范围为 1.02～1.176m。

从各国推荐的导线规格来看，差别比较大。如前苏联采用的导线面积为 $300mm^2$ 或 $400\ mm^2$ 导线，意大利推荐的是截面积为 $560mm^2$ 导线，而日本、美国、巴西等国家均推荐（或采用）$600mm^2$ 以上的大截面导线。由于各国的国情不同，对输电线路功率损耗和环境等方面要求也不同，因而各国对子导线截面选择必然不会相同。以前苏联和日本两个国家为例，前苏联 1150kV 线路电流密度取值为 $1A/mm^2$，日本 1000kV 线路电流密度取值仅为 $0.51A/mm^2$，两者相差一倍。前苏联电流密度取值较大，主要是煤炭成本低，1150kV 输电线路路径多为人烟稀少地区，环境问题不突出，选取小截面导线是经济的。相反，日本电流密度取值较小，也是综合其经济、社会效益来考虑的，根据人多地少、社会发达的国情，尤其环境要求较为苛刻，因此采用大截面导线是经济的。

从特高压输电线路导线选型来看，前苏联采用普通钢芯铝绞线。日本所采用的导线型号较多，有钢芯铝绞线（ACSR）、高强钢芯铝绞线（ACSR/EST）、高强钢芯铝合金绞线（KACSR/EST）、耐热钢芯铝合金绞线（TACSR）、低噪声钢芯铝绞线

(LN－ACSR) 等 5 个品种，分别视线路途径地区的不同情况选用。例如，高强钢芯铝合金绞线和耐热钢芯铝合金绞线主要用于重覆冰地区。

随着我国电线电缆行业的快速发展，我国导线设计、工艺和生产水平已经和国际接轨。为满足三峡输变电工程大容量输电要求，成功研制了钢芯铝绞线（ACSR－720/50)、铝包钢芯铝绞线（ACSR/AS－720/50)、特高强度钢芯铝合金绞线（AACSR/EST－450/200)、铝包钢绞线（AS－512）以及耐腐蚀防振导线(LGJ/SZ－630/100)，前 4 种型号导线已经大量应用到三峡输变电工程中，相应技术指标达到或优于国际先进水平。其中，近年来得到广泛应用的国产钢芯铝绞线（ACSR－720/50）的各项技术指标均达到了目前国际最高标准技术水平美国 ASTM 标准，其中部分指标还高于 ASTM 标准。对于特高压输电线路所需的特种导线，如低噪声导线，虽然国内没有生产，但也具备了国产化的实力。我国特高压输电线路所用的大部分导线完全可以实现国产化，如图 3.12 所示。

图 3.12　国产 ACSR－720/50 钢芯铝绞线

2. 特高压输电线路的地线

地线架设在导线上方，其作用主要是防止输电线路遭受雷击，要求机械强度高、耐振、耐腐蚀，并具有一定的导电性和足够的耐热容量。特高压输电线路由于电压等级高，线路重要程度大，因此较超高压输电线路对防雷提出了更高的要求，相应的结构形式也有所不同。前苏联 1150kV 级输电线路采用双地线，每相地线为 2 分裂的 70/72 型钢芯铝绞线（铝截面积为 70mm^2，钢截面积为 72mm^2)，地线分裂间距为 400mm。日本 1000kV 的 3 条特高压主干线均采用 500mm^2 光纤复合铝包钢绞线(OPGW)，也是采用双地线，地线采用 12°的负保护角。

由于日本1000kV级输电线路目前尚按500kV降压运行，故无从实际考察上述地线选型的合理性。从前苏联来看，其1150kV级输电线路运行以来，已经发生雷击跳闸事故，据观测大多是雷电绕击相导线造成的。因此，在特高压线路设计中，如何确定导线屏蔽方式，避免绕击事故，提高架空地线的防雷作用，是我国建设特高压输电线路中需要重点研究的课题。

3. 特高压输电线路的杆塔

除前苏联、日本外，美国、意大利、加拿大、巴西等国分别建设了不同规模的特高压输电线路试验段，进行了大量的包括特高压铁塔塔型在内的理论与试验研究。

(1) 拉线塔。由于拉线塔具有用钢量少的优点，因此被外国推荐为特高压输电线路的首选塔型，但它具有占地面积大、运行维护比较困难等缺点。意大利设计的1000kV拉V塔采用3相V串，如图3.13所示，塔高44m，宽61m，重11.5t。前苏联设计的1150kV拉Y塔，如图3.14所示，塔高56m，宽42m，重18.6t。美国能源部设计了1100kV拉线悬索塔，如图3.15所示，塔高45.7m，重21.03t。另外，前苏联还开发了三相三角形布置的拉V塔，如图3.16所示；水平排列的悬索塔，如图3.17所示；意大利开发了三相倒三角排列的拉V塔，如图3.18所示、美国能源部开发了拉线三联柱塔。

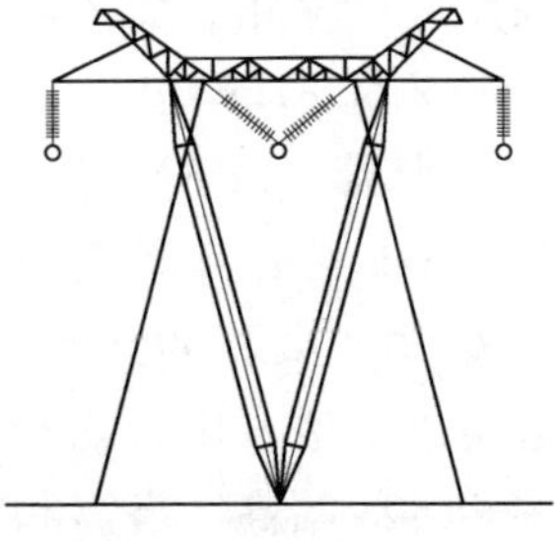

图3.13　1000kV拉V塔

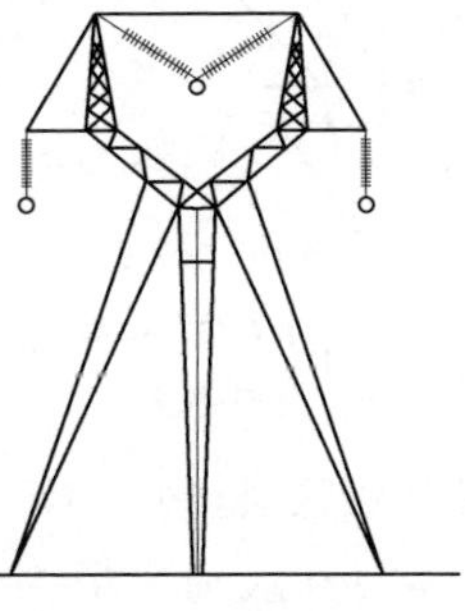

图3.14　1150kV拉Y塔

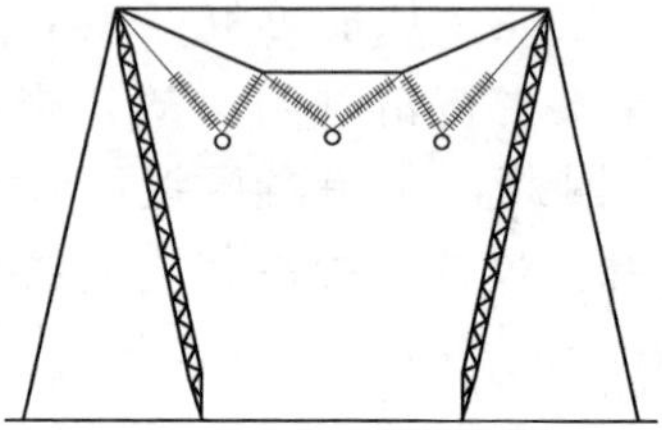

图 3.15　1100kV 拉线悬索塔

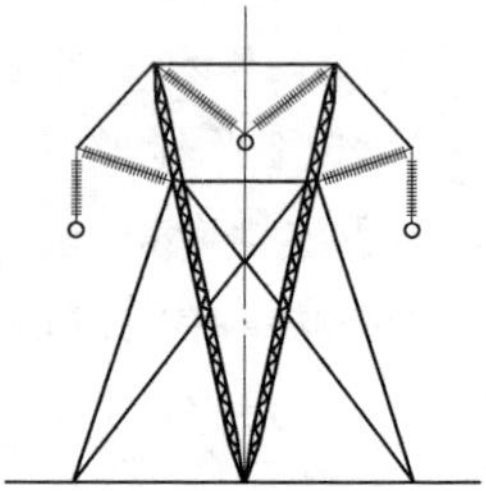

图 3.16　三角形布置拉 V 塔

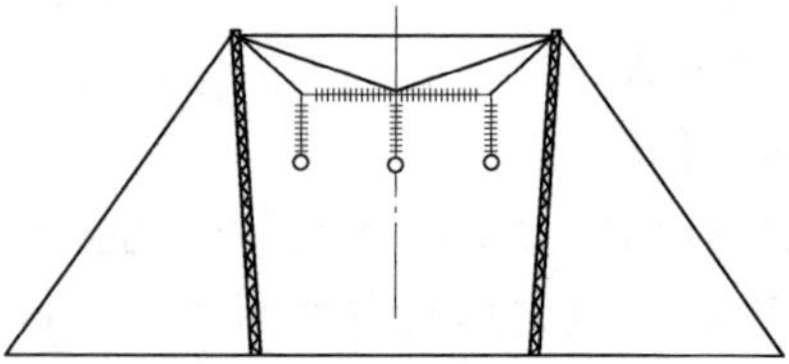

图 3.17　水平排列悬索塔

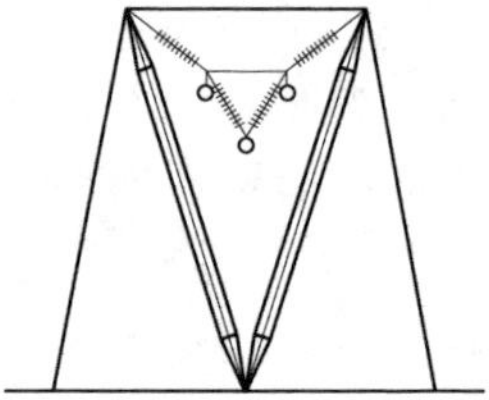

图 3.18　倒三角排列拉 V 塔

拉线悬索塔用悬索取代了钢结构的横担，是受力合理、杆塔指标最经济的塔形，其结构总重比拉 V 塔轻 25%～40%，但拉线悬索塔的占地面积也是最大的。

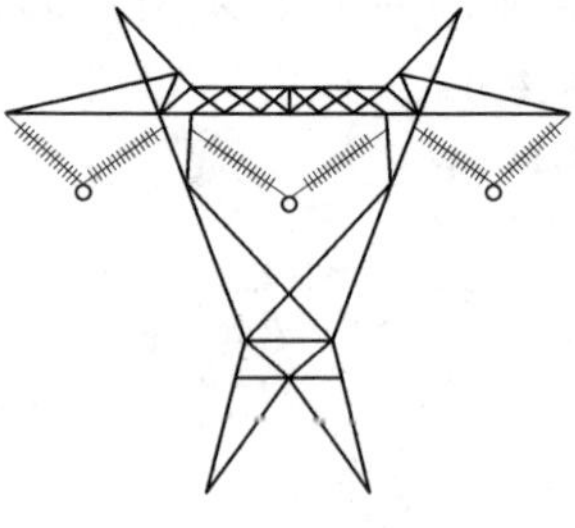

图 3.19　1000kV 酒杯塔

（2）单回路自立塔。特高压线路中常见的单回路自立塔一般采用三相导线水平排列的酒杯塔和三角形排列的猫头塔。意大利设计的 1000kV 自立式酒杯塔采用三相 V 串，如图 3.19 所示，高 52.5m，宽 87m，重 20.9t。美国邦纳维尔电力局（BPA）设计的 1100kV 导线三角布置的自立式猫头塔，如图 3.20 所示，塔高 60m。

自立式铁塔占地小，适用地形广，适用于土地占用费比较高的地区。自立式猫头塔与酒杯塔相比，中相导线抬高，塔高和塔重增加，但具有线路走廊宽度较小、线路走廊上场强均匀的优点。

（3）双回路塔。日本特高压输电线路为同塔双回线路，铁塔采用导线垂直排列同塔并架4层横担或3层横担的典型塔型如图3.21和图3.22所示。同塔并架双回线路与两个单回路相比，少一个线路走廊，可显著减少走廊宽度。

图3.20 1000kV猫头塔

图3.21 双回路4层横担塔

图3.22 双回路3层横担塔

（4）前苏联和日本特高压杆塔主要特点。前苏联1150kV输电线路直线塔主要采用带拉线的V形塔、门形塔和Y形塔。这些塔的特点是质量轻，塔重约17～25t，但占地面积大。前苏联土地资源丰富，线路又经过人烟稀少的平丘草原地区，为拉线塔的使用创造了条件。

为了减少线路走廊，日本的特高压输电线路采用同塔双回路，铁塔均采用高强度的钢管塔，主材采用钢管SS55型或STK55型钢，辅材采用角钢SS41x型或STK41型钢。

（5）中国特高压杆塔塔型规划。特高压杆塔要满足特高压输电线路电气技术条件，并能够承受设计条件下的机械负荷，又要满足线路建设经济性的要求。从中国的实际情况出发，考虑杆塔使用条件、线路回数和地形地质条件，并参考国内外超高压、国外特高压杆塔塔型，中国特高压杆塔可按以下原则选用：

1）拉线塔的选用。拉线塔可节省钢材，但占地大。由于拉线的要求，山区地形为主的地区不能使用拉线塔。拉线塔只能在平原、丘陵地区使用，随着征地费用日益增高，虽然拉线塔本体费用较低，但在其他费用方面要高很多，综合费用可能反而比自立塔高。建设特高压输电线路的目的之一是为了节约输电线路走廊，减少占用耕地面积。中国特高压输电线路中不宜采用拉线塔。

2）单回路直线型自立塔的选用。对于单回路直线型自立塔，国内外输电线路工程广泛使用的塔型有酒杯塔和猫头塔两种，其他形式的塔基本上是在其基础上演变而来的。在线路走廊紧张的地方，多用猫头塔，甚至采用三相 V 形悬垂的猫头塔；在一些线路走廊不太紧张的地方，宜使用酒杯塔。在中国 1000kV 特高压输电线路工程中，应因地制宜使用酒杯塔和猫头塔这两种自立塔。

3）单回路转角塔的选用。对于单回路转角塔，国内大多选用的是干字塔。这种塔型由于结构简单，受力清楚，占地线路走廊小，而且施工安装和检修也较方便，在国内外各级电压等级线路工程中大量使用，积累了丰富的运行经验。我国 1000kV 特高压输电线路单回耐张塔可使用这种塔型。

4）双回路塔的选用。国内外同塔双回路铁塔，一般多采用 3 层或 4 层横担的伞形或鼓形塔型，三相导线垂直排列，可以有效减少线路走廊宽度。我国 1000kV 同塔双回输电线路宜选用这种塔型。

图 3.23 为武汉特高压交流试验基地双回路直线塔。

图 3.23　武汉特高压交流试验基地双回路直线塔

第4章　特高压输电工程介绍

4.1　国外特高压直流输电工程介绍

直流输电工程技术20世纪50年代在电力系统中应用以来，经历了汞弧阀和晶闸管换流阀，晶闸管从3英寸发展到6英寸。目前，世界上已有80多项直流输电工程投入运行，在远距离、大容量输电中发挥着重要作用。

自20世纪70年代起，美国、前苏联、加拿大等国就启动了±600kV至特高压电压等级的直流输电的相关研究工作。在关键技术分析、环境影响、绝缘特性及工程可行性等方面，美国EPRI、俄罗斯NIIPT、加拿大IREQ和瑞典STRI等科研机构利用各自的技术优势相继开展了大量的工作。

20世纪80年代，前苏联曾动工建设哈萨克斯坦—中俄罗斯的长距离直流输电工程，输送距离为2400km，电压等级为±750kV，输电容量为6GW。该工程将哈萨克斯坦的埃基巴斯图兹的煤炭资源转换成电力送往前苏联欧洲中部的塔姆包夫斯克，设计为双极大地回线方式，每极由两个12脉动桥并联组成，各由3×320Mvar Y/Y和3×320Mvar Y/△单相双绕组换流变压器供电。但由于80年代末到90年代前苏联政局动荡，加上其晶闸管技术不够成熟，该工程最终没有投入运行，图4.1所示为俄罗斯高压直流输电研究院外景图，图4.2所示为美国电科院直流试验场。

由巴西和巴拉圭两国共同开发的伊泰普工程采用了±600kV直流和765kV交流的超高压输电技术，第一期工程已于1984年完成，1990年竣工，运行正常。有2回800km的±600kV双极直流线路，每条输送容量为3150MW。

图 4.1　俄罗斯高压直流输电研究院

图 4.2　美国电科院直流试验场

1988～1994 年，为了开发亚马逊河的水力资源，巴西电力研究中心和 ABB 组织了包括±800kV 特高压直流输电的研发工作，后因工程停止而终止了研究工作。目前，巴西又将亚马逊河的水力资源开发列入议事日程，准备恢复特高压直流输电的研究工作。此外，印度也在积极进行特高压直流输电的研究。

同时，日本和意大利等西方发达国家在大力开展特高压交流输电研究的基础上，也纷纷建立自己的特高压直流研究基地，图 4.3 所示为日本电中研直流试验线路，图 4.4 所示为意大利直流试验场。

图 4.3　日本电中研直流试验线段

图 4.4　意大利直流试验场

4.2 国外特高压交流输电工程介绍

4.2.1 国外特高压交流发展探索

20 世纪 70 年代以来，为解决经济快速发展对负荷需求的增长预期以及大容量长距离输电问题，西方工业国和前苏联均纷纷制定了本国发展特高压输电的计划，开始了特高压输电技术探索。

前苏联在 20 世纪 70 年代就特高压输电的绝缘、系统、线路和设备以及对环境的影响进行深入研究，并开展了试验研究和设备研制。

日本自 1973 年开始，开展了全国规模的特高压输电研究。先后建立赤城、盐原、最上和日立试验场，系统开展了特高压输电的机械、电气和电磁环境研究。

美国特高压试验研究始于 1974 年。先后建成了多条试验线段，分别进行了交直流环境试验、交直流同走廊试验、特殊排列导线下的磁场试验，以及机械特性试验等。

意大利在 20 世纪 70 年代中期开始进行特高压输电工程的试验研究。先后建成多个特高压试验站，系统开展了电气、机械、振动和舞动以及冰负荷和间隔棒性能的研究。

一些制造厂商（如瑞典 ASEA、法国 AL－STHOM，美国 GE）配合美国的电力运行单位进行了特高压输变电设备的研制，美国 AEP 在瑞典制造厂商的配合下完成了 1500kV 输电的试验研究工作，意大利 ENEL 完成了 1000kV 的成套设备带电试运行工作。前苏联和日本分别建成了百万伏级输变电工程。

在所有这些特高压输电系统的建设过程中，这些国家针对有关特高压输电系统的过电压问题，特高压输电电网的系统特性、外绝缘特性问题，导线及金具在高场强下的电晕损耗、噪声干扰、无线电干扰问题，特高压设备的紧凑化问题等进行了深入的研究。

图 4.5 所示为美国雷诺特高压试验场，图 4.6 所示为意大利 Survereto 1000kV 试验站。

图 4.5 美国雷诺特高压试验场

图 4.6 意大利 Survereto 1000kV 试验站

4.2.2 国外特高压交流工程实践

1. 前苏联特高压情况简介

前苏联幅员辽阔，能源和负荷分布很不均衡。负荷中心在西部欧洲地区，大量水力资源在东部西伯利亚，距欧洲地区 4500km，煤炭集中在南部哈萨克斯坦，距莫斯科约 2500km。这就需要实行大规模的“东电西送和南电北送”，通过特高压输电线路，把西伯利亚的水电和哈萨克斯坦的煤电输送到莫斯科地区。

前苏联从 1981 年起开始建设特高压输电系统，共建成车里雅宾斯克—库斯坦奈—科克切塔夫—埃基巴斯图兹—巴尔脑尔—伊塔特 1150 kV 特高压线路 2362 km。其中埃基巴斯图兹—科克切塔夫—库斯坦奈于 1985 年建成并投运，线路长度约 900km，特高压变电站 3 座，运行性能良好。前苏联解体后，送端电源未能按预期运行，高压线路负载过轻，输送容量仅为总容量的 20%，从 1994 年起降压为 500kV 运行。其中三站两线累计全压运行超过 5 年。

2. 日本特高压情况简介

为了满足不断增长的电力需求，抢先掌握和控制 1000kV 特高压技术，进而占领世界市场，日本于 1973 年开始研究特高压输电，是世界上第二个建成特高压线路的国家。日本在东京地区建设了1000kV特高压输变电工程，进行实证试验。1000kV特高压输电线路两条，一条是从新泻至山梨的南北走廊干线，另一条是福岛至群马的东西走廊干线，1999年建成427km，1000kV同塔双回线路，现在仅以500kV运行。在2条1000kV特高压输电干线的交汇处，建有一座1000kV特高压变电站，站名叫新榛名变电所。该变电所500kV主变压器3组（每组670MVA），4条500kV输电线路和2条275kV输电线路接入，1000kV变压器的中压侧(500kV)经过气体绝缘开关装置（即GIS）接入500kV母线上(500kV主接线为双母线)，1996年5月开始实证试验。新榛名变电所1000kV设备包括变压器、气体绝缘开关装置（含断路器、隔离开关、快速接地开关、避雷器、TV、TA、绝缘套管及通电试验回路用的环形母线）。由于制造和运输的原因，1000kV变压器为单相，每相2台，三菱、日立、松下公司各生产1相，包括与之相连接的GIS设备。绝缘套管与输电线路未连接。

1000kV变电设备的实证试验主要研究解决3个方面的课题，即设备性能方面、设备运行方面和其他方面。设备性能方面的试验有长期加电压通电流试验、测量变压器油内电荷密度、过渡电涌感应电流试验、变压器励磁冲击电流试验、检验各种电涌对保护系统影响、检验监测控制系统和信息传递系统性能；设备运行方面的试验有操作试验、确立诊断设备的技术、检验保养性；其他方面的试验有检验大型重型设备运输安装技术和作业性、确立质量管理技术和现场试验方法。

日本1000kV输电线路地理接线如图4.7所示。

3. 意大利、美国特高压情况简介

20世纪60年代，意大利规划在南部建设大容量核电站向北部负荷中心地区供电，经研究后决定采用1000kV电压等级，后因停止建设核电站，改在负荷中心地区建设天然气电站，又因负荷增长速度较预测值低得多等原因，认为近期内没有必要建设特高压交流输电工程。

70年代，美国规划在10～15年内建设一批容量为3～4GW

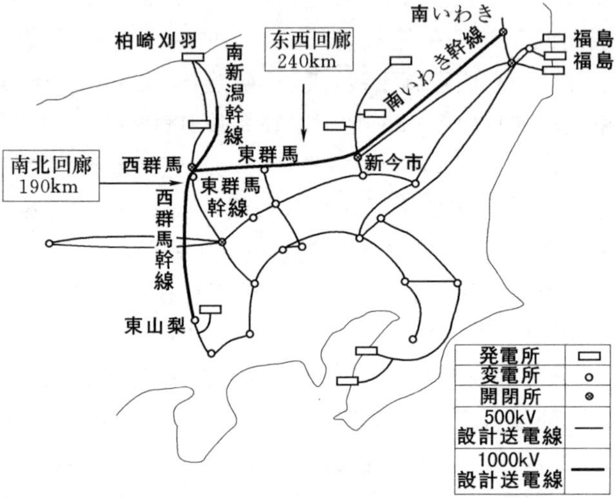

图 4.7　日本 1000kV 输电线路地理接线

的火电厂以及大容量核电站，形成总容量为 8～10GW 的电站群向 500km 以内的负荷中心地区供电。1977 年后，美国的用电增长速度大幅度下降，由 5.6%降到 2.4%左右，停建了大批核电厂及部分火电厂。由于环境保护要求的提高及能源结构的变化，80 年代以后新建的发电厂中 50%～60%是天然气电厂，电网内没有发展长距离大容量输电工程的必要，因而暂时停止了特高压输电技术的试验研究工作。

4.3　中国特高压直流输电工程介绍

4.3.1　中国特高压交流试验研究成果

中国±800kV 特高压直流输电工程途经高海拔、重污秽、覆冰、高地震烈度地区，为实现±800kV 特高压直流输电工程，对线路电磁环境、过电压与绝缘配合、高海拔地区空气间隙外绝缘特性、绝缘子污闪特性、换流站接线方式、主设备技术规范、大件运输等关键技术问题，结合中国实际情况进行了一系列研究。经过参研人员几年的努力，对±800kV特高压直流输电工程关键技术问题的研究取得了创新性的重大成果，为工程建设打下了基础。其主要研究成果有以下几个方面。

1. 特高压直流输电电压等级研究

针对金沙江流域水能资源丰富，下游乌东德、白鹤滩、溪洛渡、向家坝4个电站总装机容量将达38GW。一期溪洛渡、向家坝电站总装机容量18.6GW，送电容量大，输电距离远，对特高压直流送出电压等级进行技术经济比较分析结果表明：±800kV直流和±660kV直流的等价输电经济距离约1400km。从有效送电距离、经济输电容量、充分利用送受端有限的线路走廊和接地极资源等各个角度出发，溪洛渡、向家坝电站采用3回±800kV、6400MW双极直流送出的方案经济优势明显。从长远看，考虑到金沙二期、锦屏一二级电站等西部特大型电站远距离外送的通道需求，采用±800kV、7200MW特高压直流输电方案节省投资的效果更大。预计从"十二五"开始，西南水电和西藏水电外送需要特高压直流约16～17回。

2. ±800kV特高压直流换流站主接线研究

主接线应考虑换流设备的提供能力、运行的可靠性和灵活性。研究表明，每极采用一个12脉动换流器，投资最少，但换流变压器的容量远远超过目前设备的制造能力，且其尺寸和重量超过铁路和公路运输的限值，当单换流阀或变压器故障时，都将造成特高压直流单极停运，损失的输送容量达到3600MW，对两侧的交流系统造成的冲击和影响都会比较大。每极采用2个换流器串联的接线方式，虽然设备数量比单换流器方案增加了一倍，换流站占地、造价等也相应上升，但单台换流器容量下降了一半，有利于设备的制造和运输。由于每个12脉动换流器作为基本换流单元均可以独立运行，当换流阀或换流变压器故障时，可以只停运一个换流单元，损失的直流功率只有1800MW，对两端的交流系统冲击和影响也比较小，是切实可行的方案。

研究结果还表明，在每极采用两个换流器串联的接线方式中，以两个电压相等（400kV＋400kV）的换流器串联的方式，其技术经济性能更佳。与采用两个电压不等（300kV＋500kV 或 200kV＋600kV）的换流器串联相比，有利于解决换流变压器的设计制造困难，除高端换流变压器阀侧高压侧套管运行电压相同外，其他换流变压器阀侧套管的运行电压都较低，对相应的换流变压器阀侧绝缘结构设计和套管选用及避雷器配置有利；换流变压器分接开关电流较小，高端换流变压器和低端换流变压器分接开关可以统一设计，工厂制造成本较低；高端换流阀和低端换流阀可采用相同的水冷系统，可减少备用。尤为突出的是采用两个电压相等的换流器串联的方式，运行方式灵活多样，在功率正送和功率反送的情况下，可以实现完整双极或单极运行方式、3/4 双极或单极运行方式、1/2 双极或单极运行方式，并且利用不同的换流器可组合成 49 种直流输电运行方式，可根据系统的要求灵活选择，以达到最经济运行的效果。

3. ±800kV 特高压直流输电电磁环境影响研究

研究或试验说明，在±800kV 直流输电线路中，选择 6×720mm² 导线，分裂间距取 45cm，当海拔高度大于 2600m 后，选择 6×800mm² 导线，分裂间距取 45cm，极导线对地最小高度取 18m，可以将直流输电线路的噪声、无线电干扰、地面合成电场强度、离子电流密度等限制到我国现在运行的±500kV 高压直流输电线路的水平，完全满足电磁环境限值要求。

4. 过电压与绝缘配合研究

对于特高压直流输电系统，由于长空气绝缘的饱和、高海拔和电气设备制造上的因素，给过电压和绝缘配合提出更高的要求。研究结果表明：将平波电抗器平均分置于极线和中性母线的布置方式，可以抑制并降低换流变压器阀侧高压端、直流阀顶、极线及平波电抗器两端等处的过电压幅值，有利于降低换流站高压端设备的绝缘水平。特高压直流输电线路中部过电压水平较高，如按线路全长 2071km 计算，过电压可达 1512kV，如按调整后的线路长度1953km计算，过电压可达1395 kV。鉴于其线路很长，建议根据沿线过电压幅值分段确定线路的绝缘水平，使其技术经济上更合理，最终确定了直流极线雷电和操作冲击绝缘水平推荐值为1950 kV和1600 kV。

5. 污秽外绝缘研究

直流设备积污比交流的严重，输电线路及换流站污秽外绝缘的设计是否合理、正确，是特高压直流成败的关键。研究或试验表明，±800kV直流输电线路在采用I形串和V形串时，对于一般地区，以盐密为0.05mg/cm^{2}计，所需I形和V形单串钟罩形绝缘子片数应分别不少于65片和56片。在盐密超过0.1mg/cm^{2}以上的污秽地区建议采用复合绝缘子，采用V形串时，在盐密为0.1mg/cm^{2}时所需复合绝缘子的长度约10m。换流站处于轻污区时，直流开关场支柱瓷绝缘子爬电比距应不小于52mm/kV，污秽偏重时应尽可能使直流开关场设备外绝缘合成化（如使用硅橡胶合成套管、瓷表面喷涂RTV等），或采用户内直流开关场。

6. 空气绝缘研究

由于空气间隙的放电电压在更高的操作过电压下呈现饱和特性，因此±800kV特高压下的外绝缘问题是关系到系统可靠运行的重要问题。根据过电压研究和空气间隙放电特性试验研究结果，确定±800kV直流输电工程V形绝缘子串直线杆塔最小空气间隙距离，在线路过电压为1521kV、海拔高度为1000m及以下时应不小于6.1m。

以上关键技术问题的研究结果将直接应用于工程建设，确保特高压直流输电工程的可靠性、先进性、经济性目标的顺利实现。

4.3.2　中国特高压直流试验基地

虽然中国的特高压直流输电工程可以借鉴国外的一些研究结果，但因中国大气污染严重，“西南水电”送出又带来高海拔、覆冰等问题，而不同的气候和大气环境对电磁环境指标及外绝缘特性的影响很大，各国研究得出的结论也不尽相同。更重要的是，中国建设的是世界上电压等级最高、输送容量最大、输送距离最长的直流输电工程，实现这一世界性创举，面临着许多重大技术难题，必须根据中国实际情况开展系统的研究工作，才能保证工程的顺利建设和投运。在建的国家电网公司特高压直流试验基地正是为了给工程建设和运行提供强有力的技术支撑手段。

特高压直流试验基地位于北京中关村科技园昌平园区，占地390 亩，于 2007 年 2 月 23 日开工建设，图 4.8 所示即为其规划图。

图 4.8　特高压直流基地规划图

特高压直流试验基地主要包括：特高压直流试验线段、电晕笼、户外试验场、试验大厅、污秽及环境试验室、绝缘子试验室、避雷器试验室、电磁环境模拟试验场和特高压直流换流阀试验室等。

图 4.9 所示为特高压直流试验线段，可开展特高压电磁环境、电晕特性、合成电场、离子流、无线电干扰和可听噪声等研究，线段总长国际第一；同塔双回电压国际最高。

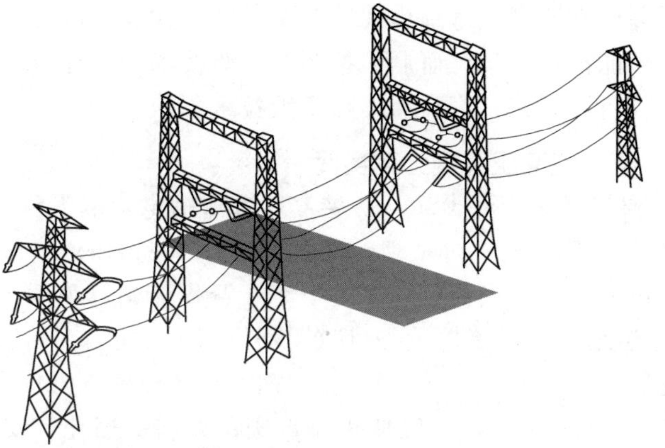

图 4.9　特高压直流试验线段

特高压直流试验基地试验研究能力覆盖超高压、特高压直流输电关键技术领域，能满足特高压直流输电关键技术研究的需求，具备更高电压等级（±1000kV，±1200kV）研究能力。2007 年 5 月，户外试验场建成投运；6 月，世界上首条特高压直流试验线段建成投运，并成功升压至±1200kV；10 月，世界上最大的两厢式特高压电晕笼建成投运。2008 年 5 月，绝缘子及避雷器试验室建成投运；6 月 30 日，试验大厅建成投运；12 月 31 日，污秽及环境试验室建成投运，如图 4.10 所示，图 4.11 所示为已经建成的绝缘子试验室，同时，特高压直流换流阀试验室也相继建成。

图 4.10　污秽及环境试验室

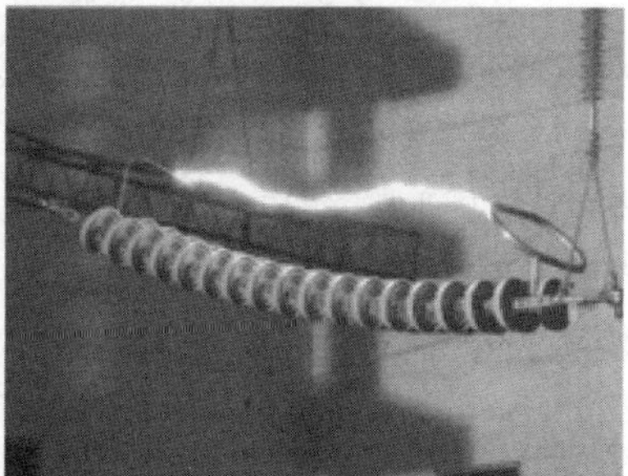

图 4.11　绝缘子试验室

特高压直流试验基地由我国自主设计、建成，设备全部国产化，在功能设计、设备研制、控制及试验技术和工程应用方面创造了 15 项世界第一，取得 46 项重大技术创新。

4.3.3　中国特高压直流工程实践

1. 向家坝—上海±800kV 特高压直流输电示范工程

（1）工程概况。向家坝—上海±800kV 特高压直流线路工程西起向家坝复龙换流站，东至上海奉贤换流站，采用±800kV 直流输电方案，直流电流按 4kA 设计，输电能力为 6400MW，最大连续输送功率 720 万 kW。工程由国家电网公司负责建设。本工程全长 1907km，途经四川、重庆、湖南、湖北、安徽、浙江、江苏、上海等 8 省（直辖市），4 次跨越长江。工程于 2008 年 6 月开工建设，2009 年 12 月单极带电，2010 年 7 月 8 日正式双极投运。

建设向家坝—上海±800kV 特高压直流输电工程，是国家电网公司积极落实科学发展观，大力推进西部大开发战略，将西部水电资源优势转化成经济优势，实现节能减排，推动社会和谐发展、可持续发展的具体实践。向家坝—上海±800kV 特高压直流输电工程是迄今为止目前世界上电压等级最高、输送容量最大、输送距离最远、技术难度复杂的工程，该工程的成功建设，对于我国能源发展战略和电网建设具有技术创新的示范效应。

（2）工程主要特点。

1）技术水平高。特高压直流输电工程额定电压±800kV，额定电流 4000A，最大连续输送容量 720 万 kW，送电距离近 2000km，是世界直流输电技术的制高点；特高压直流关键设备均为首次研制，需要对特高压直流工程系统方案、过电压与绝缘配合、电磁环境控制、成套设计和设备制造等方面进行全面、系统攻关。

2）设备研制难度大。特高压直流设备绝缘水平高，通流能力大，使用的 800kV、30 万 kW 级特高压换流变压器，通流能力 4500A 的 6 英寸晶闸管，单阀组容量 180 万 kW 的换流阀，额定电流 4000A 的低噪声干式平波电抗器、直流穿墙套管、直流断路器和隔离开关，基于实时操作系统的换流站控制保护系统等关键设备均为世界首创，研制难度极大，是对电力电子技术、电工技术、材料技术、高压试验技术和控制技术的极限挑战。

3）建设任务繁重。特高压直流工程采用双极、每极两个 12 脉动换流器串联接线，输送容量、送电距离和工程量均是±500kV 直流工程的两倍以上。工程共需换流变压器 56 台，平波电抗器 20 台，换流阀 96 个，晶闸管 5794 只，控制保护屏柜 832 面；导地线 5.9 万 t，铁塔材料 23 万 t，瓷绝缘子 72 万片，合成绝缘子 2 万支。线路工程途经 8 个省（直辖市），56 个县（市）、区，房屋拆迁总计 9152 户、近 250 万 m^2，涉及大型厂矿搬迁 195 处。工程试验室联调项目 2200 项，现场分系统调试超过 2 万项，站系统调试 147 项，系统调试 12 大类 591 项。总计有 26 家设计单位、111 家厂商、168 家施工监理单位参与工程建设，组成了最大规模的建设联合体。

4）可靠性指标先进。特高压直流工程采用对称、模块化设计，单个换流模块故障情况下，其他换流模块仍可以继续运行，一个极故障也不影响另一极的运行，有 45 种运行方式，运行方式灵活。由于每个换流模块相对独立，工程设计的可靠性指标大大提升，能量不可用率不大于 0.5%，双极强迫停运率不大于 0.05 次/年，远小于±500kV 直流工程的 0.1 次/年。

5）环保指标严格。通过采用 6×720mm^2 的大截面、多分裂导线，增加对地距离，特高压直流输电线路的电磁环境指标优于±500kV 直流工程；通过采用低噪音设备、优化换流站平面布置、采用隔声屏障等措施，特高压换流站场界和周边居民敏感点噪声达到国家二类标准，昼间不大于 60dB（A），夜间不大于 50dB（A）。通过采用 GIS 等节地设备、共用接地极、优化线路路径和换流站平面布置等措施，有效减少了工程占地面积，使换流站单位面积换流容量达到±500kV 直流工程的 1.65 倍（与三沪工程受端换流站相比），线路长度也大幅缩短；全面采用全方位高低腿、锚杆及掏挖基础施工、动力伞架线等节能环保型施工技术，工程对环境的影响完全达到并优于标准要求。

6）经济效益显著。特高压直流工程单位走廊输电能力约为±500kV 直流工程的 1.5 倍，单位长度单位容量线路电阻损耗约为±500kV 直流工程的 40%。工程总投资为 232.74 亿元，每千瓦每公里造价 1.91 元/（kW·km），比±500kV 直流工程（三沪工程）每千瓦每公里造价 2.16 元/（kW·km）降低 11.6%，具有明显的技术经济优越性；两端换流站总投资为 110.38 亿元，单位输送容量造价 1725 元/kW，相比±500kV 直流工程（三沪工程）单位输送容量造价 1680 元/kW 仅增加 2.7%，基本达到同等造价水平。

（3）换流站主要系统及设备介绍。

1）换流阀。采用双重阀结构，6 英寸晶闸管元件；额定连续运行电流 4000A，最大连续运行电流不小于 4525A；3s 暂时运行电流不小于 6000A，短路电流不小于 46～50kA。图 4.12 所示为换流站阀厅图。

图 4.12　换流站阀厅实景图

2）换流变压器。采用单相双绕组换流变压器；送端变压器容量为 321.12MVA，受端变压器容量是 303.79MVA；交流侧电压等级为 500kV；ODAF 和 OFAF 两种冷却方式均有可行性；有载分接开关的分接级数按不超过 35 级考虑，图 4.13 所示为换流变压器实景图。

图 4.13　换流变压器实景图

图 4.14　平波电抗器实景图

3）平波电抗器。采用干式平波电抗器，对户内直流场应采用户内布置；额定直流电流 4000A，最高运行直流电压 816kV；平波电抗器线圈绝缘材料的耐热等级应股间 H 级，匝间 F 级或更高。平波电抗器实景图如图 4.14 所示。

4）支柱绝缘子。采用瓷质支柱绝缘子，外涂室温硫化硅橡胶（RTV）。

5）直流场。特高压换流站直流场不同于常规直流换流站，由于每极采用两组 12 脉动换流器串联技术，为实现单换流器的投退，直流场增加了旁通回路，每个旁通回路由 1 个高速旁通直流开关和 3 个直流刀闸组成。同时由于存在旁通回路，直流场的电压等级分为三类，分别为 800kV、400kV 和 0kV。

图 4.15 所示为直流场全景图。

图 4.15　直流场全景图

图 4.16　内水冷设备图

6）水冷系统。内水冷系统是一个封闭式系统，换流阀的冷却是通过去离子水的循环来完成的。其中部分水经过一个水处理回路，在这个处理回路中冷却水被持续进行去离子和过滤。内水冷设备如图 4.16 所示。

外冷水系统主要由喷淋系统和水处理系统两部分组成，用于对内冷水系统进行二次冷却。

7）GIS。奉贤换流站交流场为 3/2 接线，共 7 串（其中第 6 串为站用电串），全部为 GIS 设备，有断路器 19 台（其中 1 台为站用变断路器）、隔离开关 37 组（其中 1 组为站用变用）、快速接地刀闸 4 组（线路出线用）、检修接地刀闸 48 组。其中断路器为卧式三相分箱结构，隔离开关和接地闸为三相机械联动结构。

GIS 设备如图 4.17 所示。

8）直流控制保护系统。以每个 12 脉动换流器为基本单元进行配置；各 12 脉动换流器的控制功能的实现和保护配置要保持最大程度的独立；采用实时操作系统，放弃了以前的 Windows 操作系统；采用 e－TDC 总线；直流保护采用 3 取 2 逻辑。

9）交流滤波器。奉贤换流站交流滤波器共分 4 大组（15 小组），分别接在交流场第 1、2、3、4 串上。第 1 大组分 3 小组交流滤波器或并联电容器，其他每大组分 4 小组交流滤波器或并联电容器。

图 4.18 所示为换流站交流滤波器鸟瞰图。

图 4.17 GIS 设备图

图 4.18 换流站交流滤波器场鸟瞰图

(4) 奉贤换流站系统接线及运行方式。

1) 45 种运行方式。见表 4.1。

表 4.1　**45 种运行方式**

运行类型	接线方式	接线方式数量
双极平衡	完整双极平衡	1
	1/2 双极平衡	16
双极不平衡	一极完整＋另一极 1/2	8
单极大地	完整单极	2
	1/2 单极	8
单极金属	完整单极	2
	1/2 单极	8
共　计		45

2）运行方式举例。

a. 完整双极平衡运行。如图 4.19 所示。

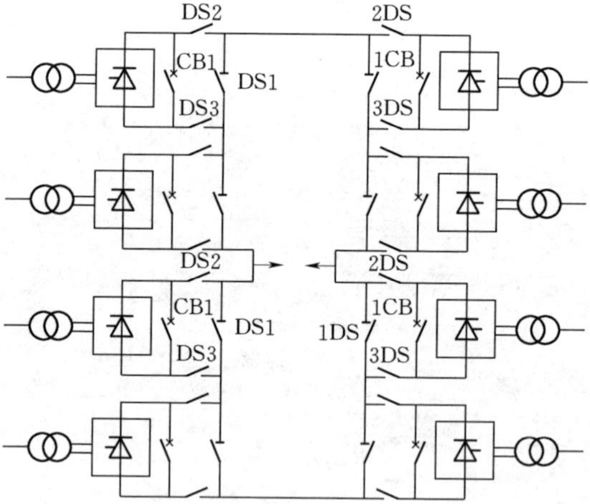

图 4.19　完整双极平衡运行示意图

b. 一极完整、一极 1/2 不完整运行。如 4.20 所示。

3）融冰模式。采用双极功率异向传输融冰运行方式，满足直流线路在枯水期小负荷情况下的融冰要求，解决枯水期小负荷直流线路易覆冰的问题。

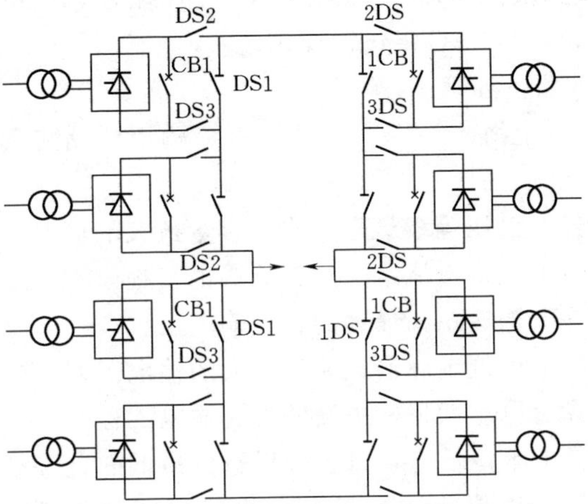

图 4.20 一极完整、一极 1/2 不完整运行示意图

当直流线路已经有了大量覆冰，需要在直流线路上产生非常大的电流，利用已有换流器并联运行提供所需要的电流。

(5) 线路概况。向家坝—上海±800kV 特高压直流输电线路工程全线推荐方案总长度约 1906.7km（包括 4 处长江大跨越段长度约为 11.7km）。航空直线约 1715km，曲折系数 1.112。线路途经 8 省（直辖市），其中四川段 287km、重庆段 295.5km、湖北段 485.8km、湖南段 258.7km、安徽段 381km、浙江段 160km、江苏段 22km、上海段 102km。线路沿线地形比例为：高山大岭 16.71%，一般山地 36.97%，丘陵 18.75%，平地 20.83%，河网 6.74%。线路经过地区最高海拔 1580m。

该工程采用±800kV 直流输电方案，输电能力为 6400MW，直流电流 4000A。20mm 以下冰区导线采用 6×ACSR－720/50 方案，30mm 冰区导线采用 6×AACSR－720/50 钢芯铝合金绞线。导线采用 V 形绝缘子串悬挂方式。设计基准风速为离地 10m 高、100 年一遇、10min 平均最大风速，取 27m/s、28m/s、30m/s、32m/s 和 35m/s 共 5 类风区。设计覆冰有 10mm 轻冰、15mm 中冰、20mm 重冰、30mm 重冰 4 类冰区。地线 20mm 及以下冰区拟采用 LBGJ－180－20AC 铝包钢绞线，30mm 冰区选用 LBGJ－240－20AC 铝包钢绞线。

（6）18 项世界第一。

向家坝—上海±800kV 特高压直流输电线路工程创造了 18 条世界第一。

1）世界上电压等级最高、输送容量最大的输电工程。

2）世界上额定电流最大的直流输电工程。

3）世界上输送距离最远的直流输电工程。

4）世界上单位走廊输送能力最大的输电工程。

5）世界上可靠性指标最高的直流输电工程。

6）世界上单位输送容量·公里造价最低的直流输电工程。

7）世界上单位输送容量·公里输电损耗最低的直流输电工程。

8）世界上单位输送容量·公里运行维护费用最低的输电工程。

9）世界上单位换流容量造价最低的换流站。

10）世界上单位换流容量占地最少的换流站。

11）世界上单位换流容量损耗最低的换流站。

12）世界上单位换流容量运行维护费用最低的换流站。

13）世界上容量最大换流器。

14）世界上最大技术指标和规模 6 英寸晶闸管。

15）世界上换流变电压等级最高，单台容量世界最大。

16）世界上采用干式平波电抗器世界电压等级最高，容量最大。

17）世界上首次采用三换流站共用接地极，投资最省。

18）世界上最大通流能力接地极。

2. 云南—广东±800kV 特高压直流输电工程

（1）工程概况。云南—广东±800kV 特高压直流输电工程是世界上第一个±800kV 特高压直流输电工程，也是我国特高压直流输电自主化示范工程。工程由中国南方电网公司负责建设。工程西起云南省楚雄州禄丰县，东至广东省广州增城市，途经云南、广西、广东三省（自治区），线路全长1373km，额定电压±800kV，输送容量500万kW。工程包括楚雄换流站、穗东换流站、楚雄—穗东直流线路、接地极及接地极线路等五大部分。2009年12月单极投产，2010年6月18日双极投产。

（2）工程技术特点。

1）云南—广州±800kV直流工程是世界上第一回特高压、远距离直流输电工程，也是中国第一回每极采用双12脉动换流器串联结构的双极直流输电工程：直流线路全长1374km；双极额定容量为5000MW；额定电压±800kV；每极采用双12脉动换流器串联结构，使运行方式繁多。此外，由于每极采用双12脉动阀组串联结构，每站28台换流变压器，含LD、LY、HD、HY型备用变各1台；以上特点，使得高端换流变（HD和HY型）制造难度大。

2）户内空气绝缘水冷却、悬吊式二重阀结构。

3）晶闸管采用额定电流3125A、5英寸元件，每站每极12个二重阀塔。

阀塔和晶闸管设备如图4.21所示。

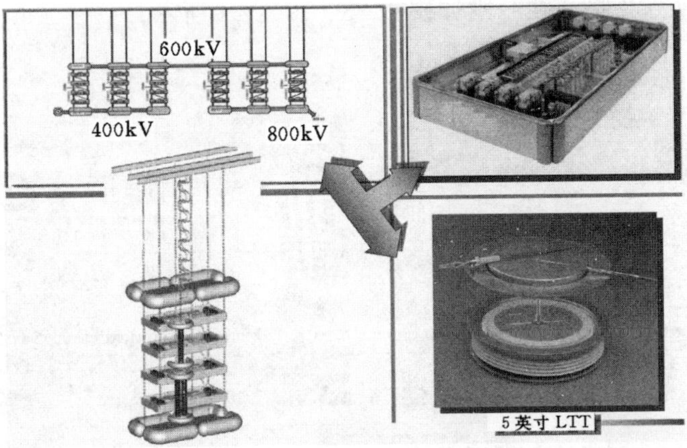

图4.21 阀塔和晶闸管示意图

4）干式空芯电抗器。采用复合外套支持绝缘子；额定电流 3125A；单台电感 75mH；每站 8+2 台（含备用）。

干式空芯电抗器如图 4.22 所示。

图 4.22　干式空芯电抗器

5）±800kV 直流隔离开关、直流旁路开关。均采用复合外套绝缘子；额定直流电流均为 4000A；雷电冲击耐受电压均为 1950kV；操作冲击耐受电压均为 1600kV。±800kV 直流隔离开关、直流旁路开关分别如图 4.23、图 4.24 所示。

图 4.23　±800 kV 直流隔离开关

图 4.24　±800 kV 直流旁路开关

3. 锦屏—苏南±800kV 特高压直流输电工程简介

锦屏—苏南±800kV 特高压直流输电工程西起四川西昌裕隆换流站，东至江苏同里换流站，采用±800kV 直流输电方案，直流额定电流按 4.5kV 设计，输电能力为 7200MW，最大连续输送容量 760 万 kW，全线推荐方案总长度约 2089.5km（包括 4 处长江大跨越段长度约为 11.5km）。航空直线约 1840km，曲折系数 1.136。线路途经云南、四川、重庆、湖南、湖北、安徽、浙江、江苏等 8 省（直辖市）。

该工程采用双极、每极两个 12 脉动换流器串联接线，电压配置为“400kV+400kV”。换流变压器单台容量最大 363MVA，采用 6 英寸晶闸管换流阀，每组换流器容量达 190 万 kW；运行方式灵活，可靠性高。

锦屏—苏南特高压直流输电工程承担着雅砻江下游锦屏一、二级和官地水电站的西电东送任务，建成后可以实现电力资源在全国范围内的优化配置，满足华东地区日益增长的用电需求，并为后续的西部电力送出工程奠定技术基础。

工程于 2008 年 11 月获得国家发展和改革委员会批准，2009 年正式开工建设，预计 2012 年双极建成投运。

4.4 中国特高压交流输电工程介绍

4.4.1 中国特高压交流试验研究成果

中国西北 750kV 输变电国产化示范工程的顺利投产和成功实践，不仅充分展示了中国自主创新的能力，而且大大地提高了中国输变电设备的制造能力和水平，为特高压输电技术装备研发和应用创造了条件，增强了自主创新的信心。

国家电网公司于 2005 年全面启动特高压关键技术研究工作，组织国内相关电力科研、规划、设计、运行、设备制造等单位，在借鉴、汲取国际上特高压经验和总结国内 20 多年研究成果的基础上，对特高压关键技术研究进行了全面、系统的规划，组织安排研究课题 126 项，课题范围涵盖了系统特性、电磁环境、外绝缘特性、过电压与绝缘配合、设备技术、运行技术、施工技术等多个方面。通过认真系统的研究，相继取得了一系列重要的创新性研究成果。

（1）综合考虑，确定交流特高压运行电压，形成相关的技术规划和标准。电网安全、经济性能、设备研制能力、海拔高度和污秽情况，国家电网公司提出了中国特高压电网标准的建议，即交流特高压电网的标称电压为 1000kV，最高运行电压为 1000kV，提出中国特高压电网过电压水平及主要电气设备的绝缘水平，初步形成中国主要特高压输电设备的技术规范和技术标准。

（2）为实现建设环境友好型特高压输变电工程的目标，确立了保持特高压交流输电的电磁环境影响指标限值与 500kV 输电工程相当的原则。研究表明，对于 1000kV 特高压单回输电线路，导线采用 8×LGJ－500 及以上的分裂，导线最小高度在 15m 以上时，可听噪声不大于 55dB(A)、无线电干扰不大于 58dB（μV/m），完全满足相应的国家环保标准要求。

（3）特高压输电关键技术研究取得了重大突破。试验研究表明，对于空气为主要绝缘的 1000kV 特高压输电线路，特高压输电系统外绝缘操作电压特性仅处在放电饱和曲线的初始阶段，并不是以往想象中的“增加空气间隙尺寸已不能满足线路空气绝缘的要求”。操作冲击电压所要求的铁塔最小间隙距离为 6.7m，工频电压所要求的铁塔最小间隙距离为 2.7m，以此为间隙圆所要求的铁塔塔头尺寸，在设计上不需要特殊的设计处理。根据绝缘子污秽特性的试验结果，二级污秽地区选用国内已开发制造的结构高度为 195mm、300kN 的瓷或玻璃绝缘子 54 片，三级及以上污秽地区选用国内已开发制造的特高压线路复合绝缘子，其结构长度为 10.5m。另外，特高压输电无功和电压控制研究、超大规模交直流互联电网安全稳定控制、过电压与绝缘配合、防雷技术、特高压交流和直流输电保护控制系统、多分裂导线综合防舞措施等研究成果已达到国际先进水平。

（4）特高压输电设备国产化取得重大进展。目前，沈阳、西安、保定3家变压器制造公司已为特高压交流试验基地分别制造了一相1000kV，40MVA的变压器（其套管由西安电瓷公司制造），并通过了严格的型式试验；西安西电高压电瓷有限责任公司、抚顺电瓷制造有限公司开发的1000kV避雷器采用4柱并联结构，由5个电气元件组成，均通过了型式试验，其保护特性及电气和机械性能达到国际先进水平。

研究成果表明，采用特高压输电不仅技术上可行，完全满足电磁环境的要求和绝缘特性的要求，而且特高压电网的安全运行和特高压设备的国产化可以得到保证。

4.4.2 中国特高压交流试验基地

国家电网公司特高压交流试验基地位于湖北省武汉市江厦区凤凰山南，占地面积233334m^2。主要建设内容包括：特高压试验电源、1km单回特高压试验线段、1km同塔双回特高压试验线段、电磁环境实验室、环境气候实验室、特高压设备带电考核场、特高压交流电晕笼、车载式移动电磁兼容现场测试系统和电力系统电磁环境仿真平台、7500kV户外冲击试验场、科研培训综合楼以及必要的试验装置和其他辅助设备。2006年开始特高压交流试验基地建设，2008年12月26日，特高压交流基地建成投运。

图4.25所示为特高压交流试验基地规划图。

电磁环境试验室包括200m^2（屏蔽室60m^2）的测量与观察室和120m×15m试验场。可进行特高压线路电磁环境参数全天候测量及电晕、电磁兼容性研究。

环境气候试验室包括ϕ20m×25m的气候室、1000m^{2}的测量控制室及辅助间，试验室尺寸世界第一。可模拟海拔5500m及以下气象条件，进行长串污秽放电、中短间隙放电及覆冰绝缘子串闪络试验。

两试验线段分别采用单回水平（或三角）排列和同塔双回垂

图 4.25　特高压交流基地规划图

直排列的杆塔结构形式，可进行特高压线路电晕特性、电磁环境影响、带电作业和绝缘子串积污特性试验研究。

图 4.26～图 4.29 为特高压交流试验研究成果展示。

图 4.26　国网武汉高压研究院特高压交流试验线路

图 4.27　我国第一条 1000kV 级特高压交流试验线段

4.4.3　中国特高压交流工程实践——晋东南—南阳—荆门 1000kV 特高压直流输电工程

1. 工程概况

特高压交流试验示范工程起于山西晋东南（长治）变电站，

经河南南阳开关站，止于湖北荆门变电站。全线单回路架设，全长 640km，跨越黄河和汉江。变电容量 600 万 kVA。系统标称电压 1000kV，最高运行电压 1100kV，自然输送功率约 500 万 kW。

图 4.28 电容式电压互感器型试验

图 4.29 特高压交流带电作业试验研究

工程于 2006 年 8 月取得国家发展和改革委员会下达的项目核准批复文件，同年底开工建设，2008 年 12 月全面竣工，12 月 30 日完成系统调试投入试运行，2009 年 1 月 6 日 22 时完成 168h 试运行投入商业运行，目前运行情况良好。

图 4.30 为长治、南阳、荆门三站连接线示意图。

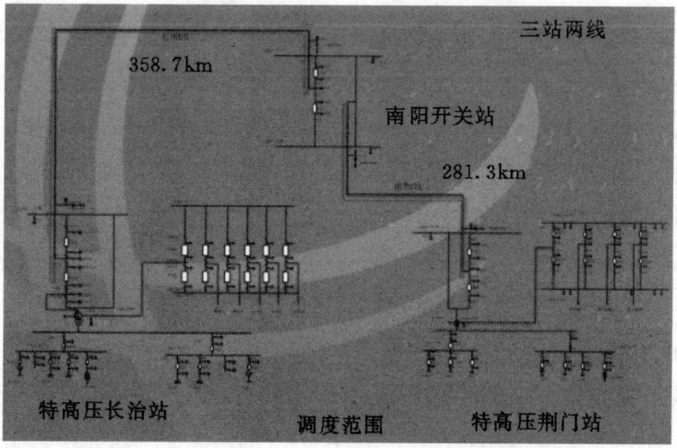

图 4.30 三站连接线示意图

2. 各变压站概况

(1) 晋东南（长治）变电站（以下简称长治站）。

1）概况。选定的崔家庄站址位于山西省长治市西南 22km 长子县石哲镇，远期总占地面积约 $18hm^2$（围墙内占地面 $16.9hm^2$），总占地面积约 $8.7hm^2$（围墙内占地面积约 $7.9hm^2$）。长治站鸟瞰图如图 4.31 所示。

图 4.31　长治站鸟瞰图

该期主变压器为 1×3×1000MVA（终期 3×3×1000MVA）；1000kV 出线 1 回（终期 10 回），双母线双断路器接线（远期为 3/2 接线），采用 GIS 设备；500kV 出线 5 回（终期 10 回），3/2 接线，采用 HGIS 设备，1000kV 高抗 1×3×320MVA 。

2）一次设备。

a. 主变压器。1000kV 主变压器由保定天威保变生产，为单相自耦三绕组强迫油循环风冷无载调压变压器，单台容量 1000MVA。高压出线套管由意大利的 P&V 公司生产，相间距离 15m，2008 年 12 月 1000kV 主变压器顺利投运，图 4.32 为该变电站 1000kV 主变设备。

图 4.32 特高压长治站 1000kV 主变设备

b. 长治站 1000kV 调压补偿变变压器。由于变压器为变磁通调压方式，为了保证低压侧电压恒定，在调压变压器中还装设有低压补偿变压器，用于补偿低压侧电压的波动，故调压变压器中有调压器和补偿器两部分。调压变压器、补偿变压器两个器身共用一个油箱，通过管母与主变压器连接。调压补偿变压器如图 4.33 所示。

图 4.33 1000kV 调压补偿变压器

图 4.34　运行中的高抗

c. 长治站长南Ⅰ线高抗。长治站长南Ⅰ线高抗由中国西电集团公司生产，采用自然油循环强迫风冷冷却方式，共 4 台，其中 1 台备用，单台容量 320Mvar，高压套管由 ABB 公司生产，高 18.7m。中性点装设一台 110kV 电压等级的中性点小电抗。运行中的电抗器如图 4.34 所示。

d. 长治站 1000kV GIS 组合电器。1000kV 系统为双断路器并联接线，采用河南平高电气股份有限公司生产的 GIS 组合电器，其中包括断路器、电流互感器、隔离开关、接地开关、避雷器、母线、波纹管、套管和汇控柜等设备，现场一字形排列，安装在 1000kV GIS 区域，每相 21 个气室。1000kV GIS 断路器采用双断口结构，通过大功率液压操动机构的带动进行分闸、合闸及自动重合闸操作。

GIS 断路器 T011 间隔和 1000kVGIS 母线如图 4.35 和图 4.36 所示。

GIS 设备示意图如图 4.37 所示。

e. 长治站 500kV 出线。共 5 回，采用 3/2 接线，分别为新东北电气集团有限公司和中国西电集团公司生产的 HGIS 设备。

长治站 500kV 出线如图 4.38 所示。

f. 110kV 系统低压无功补偿装置——低压电容器容。长治站共有 110kV 低容 4 组，由桂林电力电容器厂生产，三相星形连接，单组容量 210Mvar。每组电容器前串联一台低压电抗器，在电抗器两端并联一台过电压阻尼装置。

110kV 补偿电容器如图 4.39 所示。

图 4.35 GIS 断路器 T011 间隔图

图 4.36 1000kV GIS 母线

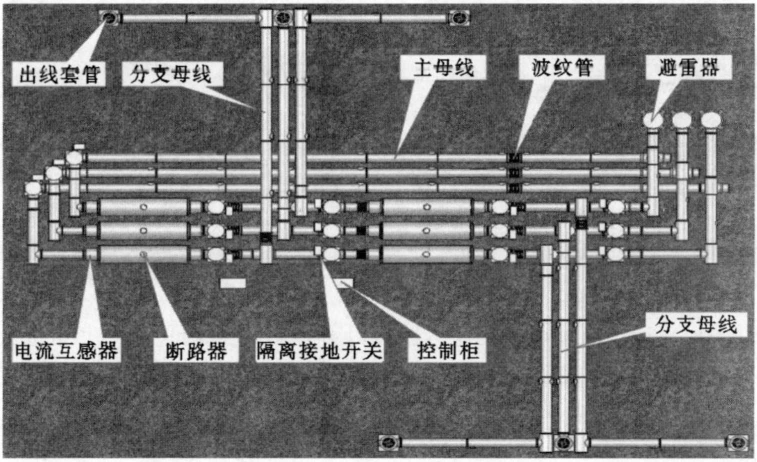

图 4.37 GIS 设备示意图

g. 110kV 系统低压无功补偿装置——低压电抗器。长治站共有 110kV 干式低压电抗器 2 组，北京电力设备总厂生产，单组容量 240Mvar，由 6 台电抗器组成，每相由两台电抗器串联而成，两组电抗器分别安装在两段母线上，低压补偿电抗器如图 4.40 所示。

图4.38　500kV出线场地

图4.39　长治站110kV补偿电容器

图4.40　长治站110kV补偿电抗器

（2）南阳石寨开关站（以下简称南阳站）。南阳站位于河南省南阳市东北30km的方城县赵河镇，远期总占地面积约31hm^2（围墙内占地面积约27.6hm^2），本期总占地面积约11.4hm^2（围墙内占地面积约8.9hm^2）。

本期不装设主变压器（终期3×3×1000MVA）；1000kV出线2回（终期10回），双母线双断路器接线（远期为3/2接线）；500kV本期无出线（终期10回）；采用HGIS设备；1000kV高抗2×3×240MVA。

2006 年 8 月 20 日，南阳站奠基。9 月 20 日，场平工程开工。2006 年 12 月 29 日，南阳站土建工程开工，2008 年 1 月 18 日，南阳站构架吊装完成，2008 年 11 月 20 日，南阳站在特高压三站中通过竣工验收；安装质量对地要求，具备投运条件。

图 4.41 为南阳站局部图。

图 4.41 南阳站局部图

（3）荆门鄢岗变电站（以下简称荆门站）。

1）概况。荆门站位于湖北省荆门市东南 25km 的沙洋县沈集镇，远期总占地面积约 29hm^2（围墙内占地面积约 23.7hm^2），本期总占地面积约 16.6hm^2（围墙内占地面积约 12.4hm^2）。

该期主变压器 1×3×1000MVA（终期 2×3×1000MVA）；1000kV 出线 1 回（终期 10 回），双母线双断路器接线（远期为 3/2 接线）；500kV 出线 2 回（终期 10 回），3/2 接线；采用 HGIS 设备，1000kV 高抗 1×3×200MVA。

图 4.42 为荆门站鸟瞰图。

图 4.42　荆门站鸟瞰图

2）主接线方式。荆门站主接线方式：1000kV 出线 1 回，采用双母线双断路器接线方式；500kV 出线 3 回，采用3/2 接线方式；110kV 采用变压器低压侧带单母线接线方式。

3）一次设备介绍。

a. 主变压器。本站 1000kV 变压器为单相、油浸、中性点无励磁调压自耦变压器，共 3 台。TBEA 由特变电工沈阳变压器集团有限公司制造，每台变压器由主体变和调压补偿变两部分组成。主体变采用强迫油循环风冷的冷却方式，调压补偿变采用油浸自冷的冷却方式。1 号主变压器如图 4.43 所示。

b. 1000kV HGIS 组合电器。本站 1000kV HGIS 组合电器共 2 组；型号为：ZF17－1100/Y5000－50，制造厂家为西安西电开关电气有限公司，其中包括断路器、电流互感器、隔离开关、接地开关、套管等设备，安装在 1000kV 第二间隔内。1000kV HGIS 断路器采用 4 断口结构，液压机构弹簧储能操作。

本站 1000kV HGIS 断路器如图 4.44 所示。

c. 荆门站 1000kV 高抗。本站在南荆Ⅰ线安装 1 组 1000kV 线路高压并联电抗器，由 3 台 1000kV 线路高抗和 1 台中性点接地电抗器组成。1000kV 线路高抗为单相自然油循环风冷式。制造厂家

图 4.43 1000kV 1 号主变压器

图 4.44 荆门站 1000kV HGIS 设备

为 TBEA 衡阳变压器厂，1000kV 高压并联电容器如图 4.45 所示。

d. 特高压荆门站 500kV HGIS 组合电器。该站 500kV HGIS 组合电器共 8 组；主要由断路器、隔离开关、接地刀闸、电流互感器、套管及相应操作机构等组成，安装在 500kV 区域内。制造厂家：平高东芝电气股份有限公司。图 4.46 所示为

500kV HGIS设备。

图4.45 1000kV高压并联电抗器

图4.46 500kV HGIS设备

4）二次设备。

a. 荆门站监控系统。该站微机监控系统采用RCS9700 UNIX版综合自动化系统，采用分层分布式结构，分为站控层和间隔层，站控层设备安装于主控楼计算机室，间隔层设备安装于各继电器室。

b. 保护配置情况。全站配有1000kV变压器保护、1000kV高抗保护、1000kV线路保护、1000kV开关保护、稳态过电压保护、500kV线路保护、500kV开关保护、500kV及110kV母线保护、110kV电容器及电抗器保护，站用变压器保护，保护配置遵循双重化原则，就地分散布置于1000kV 1号继电器小室、主变压器及110kV继电器小室和500kV 1号、2号继电器室。

c. 荆门站在线监测装置。该站在线监测系统主要由1000kV 1号主体变压器、高抗油色谱在线监测系统、1000kV 1号主体变压器、高抗套管在线监测系统、1000kV HGIS局部放电监测系统、1000kV HGIS SF_6 气体绝缘监测系统及在线监测监控主机系统共同组成。所有数据远传至监控系统。

特高压试验示范工程高抗配置见表4.2。

表4.2　特高压试验示范工程高抗配置　单位：Mvar

长冶—南阳		补偿度	南阳—荆门		补偿度
长冶	南阳		南阳	荆门	
960	720	88%	720	600	85%

参 考 文 献

[1] 刘振亚. 特高压直流输电理论 [M]. 北京：中国电力出版社，2009.

[2] 刘振亚. 特高压电网 [M]. 北京：中国电力出版社，2005.

[3] 国家电网公司. 特高压电网 [M]. 北京：中国电力出版社，2010.

[4] 中国南方电网超高压公司. 高压直流输电现场实用技术问答 [M]. 北京：中国电力出版社，2008.

[5] 古清生，黄传会. 走进特高压 [M]. 北京：中国电力出版社，2010.

[6] 张文亮，于永. 特高压直流技术研究 [J]. 中国电机工程学报，2007，27 (22)：1-7.

[7] 万启发. 二十一世纪我国的特高压输电 [J]. 高电压技术，2000，26 (6)：12，13，42.

[8] 袁清云. 特高压直流输电技术现状及在我国的应用前景 [J]. 电网技术. 2005，29 (14)：1-3.